AIGC

从 ChatGPT 到多元应用赋能

马 征 任紫微 ◎ 著

电子工业出版社

Publishing House of Electronics Industry

北京·BEIJING

内 容 简 介

ChatGPT 的问世引爆了 AIGC（Artificial Intelligence Generated Content，人工智能生成内容）这一话题，加速了 AIGC 产业的发展。本书聚焦 ChatGPT 与 AIGC 进行详细讲述，解析 ChatGPT 的概念、应用价值和对职场发展的深远影响，帮助读者对 ChatGPT 建立全面的认知；深入挖掘 AIGC 的价值，从生产力变革、核心技术、产业格局、商业前景等方面描绘 AIGC 的发展态势；从智能工具赋能、行业探索、B 端应用、未来展望等方面勾勒 AIGC 的应用蓝图，讲解组织和个体的 AIGC 转型。

本书由浅入深地对 ChatGPT 和 AIGC 进行全方位讲述，内容全面，适合想在 AIGC 领域布局的企业管理者、创业者及对 ChatGPT 和 AIGC 感兴趣的人群阅读。

图书在版编目（CIP）数据

AIGC：从 ChatGPT 到多元应用赋能 / 马征等著.

北京：电子工业出版社，2024. 8. -- ISBN 978-7-121

-48552-7

Ⅰ．TP18

中国国家版本馆 CIP 数据核字第 202485GK24 号

责任编辑：刘志红（lzhmails@163.com）　　　特约编辑：王雪芹

印　　刷：三河市鑫金马印装有限公司

装　　订：三河市鑫金马印装有限公司

出版发行：电子工业出版社

　　　　　北京市海淀区万寿路 173 信箱　邮编：100036

开　　本：720×1 000　1/16　印张：13　字数：208 千字

版　　次：2024 年 8 月第 1 版

印　　次：2024 年 8 月第 1 次印刷

定　　价：86.00 元

凡所购买电子工业出版社图书有缺损问题，请向购买书店调换。若书店售缺，请与本社发行部联系，联系及邮购电话：（010）88254888，88258888。

质量投诉请发邮件至 zlts@phei.com.cn，盗版侵权举报请发邮件至 dbqq@phei.com.cn。

本书咨询联系方式：18614084788，lzhmails@163.com。

近年来，AI 的发展引起了广泛关注，而 ChatGPT 的出现掀起了 AI 的新热潮。ChatGPT 背后的 AIGC 成为科技圈、互联网圈关注的焦点，与 AIGC 有关的概念股价格持续上涨。

在科技演进的大趋势下，我们可以预见 AIGC 将推动科技不断发展，优化各行业生态体系，成为生产力发展的关键推动力。从未来发展潜力来看，AIGC 将颠覆资讯行业、教育行业、娱乐行业、金融行业等多个行业，引领这些行业进一步向智能化发展。

过去，AIGC 应用落地与商业变现存在不确定性，引发人们的担忧。但是随着 ChatGPT 热度不断攀升、商业化探索不断加深，AIGC 显露出巨大的潜力，应用落地和商业变现的速度加快。腾讯研究院发布的《AIGC 发展趋势报告 2023：迎接人工智能的下一个时代》表明，AIGC 具有广阔的应用前景，能够为市场增添活力，促进经济发展。

人们对 ChatGPT 和 AIGC 的关注度逐步提升，许多企业开始借助 AIGC 技术提高生产力，并加深在 AIGC 行业的探索。在这样的大环境下，本书应运而生，对 ChatGPT 与 AIGC 进行全面讲解，能够为企业提供指导。

本书内容丰富，优势明显。具体而言，本书具有以下三个优点。

一是内容新颖，与时俱进。本书对 ChatGPT 和 AIGC 进行了系统、详细的讲述，涉及 ChatGPT 与 AIGC 的概念、价值、发展态势、应用场景、未来发展前景等。

二是案例丰富。本书在深入浅出地介绍理论知识的同时，还融入了大量案例，为读者的阅读增加了趣味性。案例所涉企业包括微软、谷歌、阿里巴巴、腾讯等，大型企业的案例利于指导企业实践。

三是本书涉及的领域众多。本书讲解了 ChatGPT 与 AIGC 在各行各业的应用，不仅能够拓展读者的知识面，还能够为企业进行 AIGC 探索提供有效的指导。

整体来看，本书可读性和指导性兼具，不仅详细讲解了 ChatGPT 与 AIGC 的各种理论知识，还讲解了它们带来的发展机遇、企业布局 AIGC 赛道的方法等，并以诸多案例为企业探索 AIGC 提供参考。读者可以通过阅读本书，掌握丰富的 ChatGPT 与 AIGC 相关知识，从而采取合适的方法在 AIGC 赛道进行实践。

目 录 ●●●

中篇　AIGC 开启走向通用人工智能的新纪元

下篇　组织和个体的 AIGC 转型

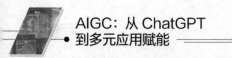

上篇

ChatGPT 开启智能交互新时代

第1章

ChatGPT：智能时代的里程碑应用

　　当前，AI（Artificial Intelligence，人工智能）技术的发展有了长足进步。在这一领域，ChatGPT的诞生无疑是一个里程碑，拉开了AI从专用走向通用的序幕。ChatGPT打破了以往人机交互的限制，可以与用户进行流畅的交流，大幅改善了用户的人机交互体验。

1.1 ChatGPT 初探 ●●●

　　要想了解 ChatGPT 是什么，我们就需要对其概念进行深度拆解，了解其构成、核心能力等。同时，明确了其模型训练与微调的运行机制，我们才能够更清晰地了解其能力来源。此外，掌握正确的使用方法，能够便于我们与 ChatGPT 正确交互，挖掘 ChatGPT 的更大价值。

1.1.1　概念拆解：ChatGPT 究竟是什么

　　从表面构成来看，ChatGPT 由 "Chat" 和 "GPT" 两部分构成。Chat 意为聊天，GPT 的全称为 "Generative Pre-trained Transformer"，意为生成式预训练 Transformer 模型。由此可知，ChatGPT 是一款基于生成式预训练 Transformer 模型的智能聊天应用。

　　ChatGPT 由人工智能研究实验室 OpenAI 推出，是一款强大的自然语言处理工具。其能够通过学习和理解人类的语言，根据上文给出下文，与用户进行智能、自然的对话；可以智能生成各种内容，如广告文案、小说、代码等。

　　ChatGPT 背后的关键支撑技术是基于 Transformer 架构的大语言模型。在大语言模型的支持下，ChatGPT 能够记住与用户的对话，并结合上下文给出合适的回答，与用户进行流畅的多轮对话。

　　对话机器人并不是新鲜事物，我们的生活中已经有它的身影，如家里的智能音箱、酒店的智能机器人等。但是这类对话机器人只能完成一些简单的任务，如播报天气、播放音乐等，无法与用户进行复杂的互动、流畅的沟通。

而基于大语言模型，ChatGPT 具备更强大的能力，主要体现在以下几个方面，如图 1-1 所示。

ChatGPT具有上下文记忆能力　　1

ChatGPT具有学习纠错能力　　2

ChatGPT具有思维推理能力　　3

图 1-1　ChatGPT 的强大能力

（1）ChatGPT 具有上下文记忆能力。在和用户聊天时，ChatGPT 会记住与用户聊天的上下文，并与用户进行顺畅沟通。这意味着，用户可以像和真人对话一样，询问 ChatGPT "然后呢""接下来怎么做"，或者表达自己的态度。与 ChatGPT 对话，用户无须不断补充、完善问题，ChatGPT 会进行自我学习，不断提升回答的质量。

（2）ChatGPT 具有学习纠错能力。如果 ChatGPT 给出错误的答案，用户纠正后，对于这一问题，ChatGPT 就不会再答错。

（3）ChatGPT 具有思维推理能力。ChatGPT 掌握一些常识知识，可以根据自己的推理得出答案。例如，ChatGPT 可以通过自己的推理完成对数学题的计算，给出正确答案。

基于以上能力，ChatGPT 具备多种功能。例如，其可以根据用户的提问回答问题；可以根据用户的要求撰写文章；可以对用户输入的资料进行提炼，总结出内容大意等。在日常生活中，用户可以将 ChatGPT 当作一个搜索工具，询问各种问题的答案；也可以将其当作工作助手，让其帮忙做一些简单的文字整理、文献查询等工作，以提高工作效率。

从市场空间的角度来看，ChatGPT 具有巨大的发展潜力，同时，ChatGPT 发展的过程中蕴藏着无限商机。ChatGPT 可以应用于各行各业，如教育行业、金融行业等。企业可以将 ChatGPT 与自身业务相结合，优化业务流程，实现更精准的个性化推荐、更高效的内容创作等，获得更高的效益。企业也可以深入研究 ChatGPT 背后的技术原理，探索 ChatGPT 与其他技术的结合，以创新产品和服务，抓住市场商机，获得更多利润。

1.1.2 运行机制：模型训练和微调

ChatGPT 的能力来源于模型训练和微调。ChatGPT 的语言生成、文案生成、掌握事实性知识和常识等能力都源于其底层大模型的预训练。而模型微调可以帮助 ChatGPT 解锁针对特定领域的特殊能力，使得 ChatGPT 的精度和可靠性更高，更好地满足特定领域的需求。

模型训练和微调是 ChatGPT 构建自身能力的关键，主要包括以下几个步骤，如图 1-2 所示。

1. 数据收集及编码

OpenAI 使用了海量互联网的真实文本数据来研发 ChatGPT。这些数据经过清洗和标记后，形成庞大的训练数据集。

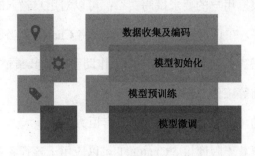

数据收集及编码

模型初始化

模型预训练

模型微调

图 1-2　ChatGPT 模型训练和微调的步骤

ChatGPT 创造性地利用位置编码，即将每一句话中每个单词的顺序作为模型输入的变量。这是其核心机制——自注意力机制的重要创新，也是 ChatGPT 作为自然语言处理模型理解语义和语法的重大突破：通过考虑序列中元素的位置，计算不同元素的权重，从而更好地明确序列中不同元素的重要性。

为了更好地理解和生成人类语言，ChatGPT 不基于合成数据进行训练。因为真实文本数据量足够大，且具有丰富的多样性。

2. 模型初始化

在深度学习的过程中，模型的架构被定义，包括神经网络的层数、隐藏单元数、自注意力头的数量等。而在此之后，完成参数的初始化是尤为重要的一步，以便在训练过程中更容易收敛到合适的权重和偏差值，对模型的收敛速度和最终性能都有着举足轻重的影响。

常见的方法是将参数初始化为随机、小的数值，但这意味着需要更长的训练时间。而对于一些特定任务，则可以选择预先训练好的模型（如 GPT-4）。

3. 模型预训练

这一步骤主要是使用准备好的数据对模型进行预训练。在这个过程中，模型通过学习大量的文本数据，学会推测词语之间的关系、句子的结构和文本的一般性规则。

模型会不断收敛，调整嵌入向量，更好地捕捉语义关系。整个过程会有大量的人工参与，在自监督系统训练过程中，模型需要基于人类常识来监督、训练数据集。而在投入使用后，大量的真实用户持续地提供反馈，则是推动模型高速进化的重要原因。

4. 模型微调

在模型预训练的基础上，为了适应不同的具体任务，如翻译、文本分类、摘要总结等，模型需要基于与具体任务相关的数据进行进一步的训练。

具体来说，ChatGPT 的模型微调过程主要分为四步：第一，由人类定义任务，如问答任务；第二，使用标注好的数据对模型进行训练，如问答任务则基于问题和正确答案的特殊数据进行训练；第三，通过对答案进行排序，设计一个奖励模型；第四，通过奖励模型进一步训练 ChatGPT。

进行模型微调后，ChatGPT 在特定任务上会有更加出色的表现。

1.1.3 使用方法：“提示”而不是“对话”

很多用户在使用 ChatGPT 时都会感到疑惑：为什么 ChatGPT 无法根据我的问题给出准确的回答？要怎样和它进行对话才能够获取到我想要的内容？

之所以存在这样的问题，原因就在于这些用户不明白该如何与 ChatGPT

沟通。事实上，在使用 ChatGPT 时，用户需要给出提示，而不是漫无目的地闲聊。这就像现实世界中的沟通一样，如果你想让对方准确地给出你想要的信息，你就要学会提问。同理，你想让 ChatGPT 给出你想要的答案，你就要学会提示 ChatGPT。

在与 ChatGPT 沟通时，用户说出的任何一个词语都有可能成为提示词，而 ChatGPT 则能够根据这些提示词从内容丰富的知识库中提取用户想要的信息，再以对话的形式反馈给用户。因此，要想让 ChatGPT 输出自己想要的内容，用户就需要学会提示 ChatGPT。

什么样的提示才是有效的？用户需要掌握以下三个原则，如图 1-3 所示。

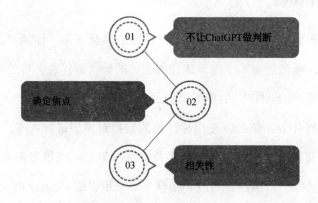

图 1-3　有效提示的三个原则

1. 不让 ChatGPT 做判断

ChatGPT 是生成式 AI，不能判断孰对孰错、孰优孰劣。因此，用户要避免让 GPT 对伦理道德、情感认知或者专业决策进行判断。

例如，"你觉得我应该选择进入国际市场还是继续深耕本土市场"。在用户给足背景信息的情况下，对于这类问题，ChatGPT 可能会给出对两者的说明，但无法做出判断。

用户负责做出判断和决定，而 ChatGPT 可以给出辅助性信息。例如，上述问题改为"国际化通常的范式是什么""如何实现本地化"等，用户便能逐步获取到帮助自己做出判断的信息。

2. 确定焦点

确定焦点指的是用户给出的提示词应该能够帮助 ChatGPT 找到焦点，减少干扰。用户的提示词需要明确传达出自己想要表达的意思。模糊的提示词可能会让 ChatGPT 产生误解，降低沟通效率。为此，用户需要使用简洁明了的语言表达想法。

例如，用户询问 ChatGPT"你可以帮我做作业吗"，这就不是清晰的表达。用户可以在此基础上进行一些修改，如"可以帮我解答一道数学题吗"，然后将具体的数学题目输入对话框中。这种表达就是清晰、有重点的。

再如，在与 ChatGPT 沟通时，用户可以使用"文案创作技巧""写作方法"等词直接表达自己的需求，而不使用泛泛的提示词，如"关于写作方面的问题"。

如果用户询问 ChatGPT"能讲解一些互联网的最新动态吗"，那么 ChatGPT 只能给出一些泛泛的回答，如互联网技术的发展趋势、科技巨头的最新动作等。原因就在于这个问题并不聚焦，ChatGPT 无法明确用户想了解什么。

针对以上问题，用户需要对提问的问题进行修改，针对某一领域向 ChatGPT 提问。例如，"人工智能在自动驾驶方面的最新进展是什么"这一问题就足够聚焦，ChatGPT 能够给出用户想要的答案。

3. 相关性

相关性指的是提示词需要与沟通的主题相关，与主题无关的提示词会分散 ChatGPT 的注意力，增加沟通的难度。例如，用户想要与 ChatGPT 沟通出游计划，可以使用"路线规划""目的地酒店推荐"等词作为提示词。需要注意的是，在沟通的过程中，用户不要输入与出游计划无关的问题。

以上三个原则能够确保用户与 ChatGPT 的对话在正确的"轨道"上。如果 ChatGPT 没有根据问题给出用户想要的答案，用户可以进一步提出问题，引导 ChatGPT 输出准确的答案。

此外，在与 ChatGPT 沟通时，用户还需要掌握一个技巧，即为 ChatGPT 设定一个身份，让其扮演特定身份的人物，进而给出准确的答案。例如，用户可以让 ChatGPT 扮演营销专家，给出专业的营销建议；让其扮演旅行代理人，根据用户的旅行规划给出出行建议等。ChatGPT 难以感知用户所处的情境，而身份扮演则能够让 ChatGPT 与用户的沟通更加聚焦、更加沉浸。

上篇
中篇
下篇

1.2　ChatGPT 浪潮因何而起

ChatGPT 自诞生起就引起了广泛的讨论与关注，在短时间内，ChatGPT 成了诸多社交媒体上的热门话题。那么，ChatGPT 浪潮因何而起？数字内容需求的爆发，数据、算法、算力相关技术的发展，以及 GPT-4 模型的出现，都为 ChatGPT 的发展奠定了基础。

1.2.1　需求爆发：数字内容需求与日俱增

ChatGPT 诞生后，创造了 2 个月活跃用户超 1 亿的纪录，这一现象背后隐藏着用户对数字内容的需求。

随着数字社会的发展，用户对数字内容的需求与日俱增。这种需求主要体现在两个方面：一是更加沉浸的人机交互需求。从单一的文本交互到融合了图片、音频的多模态交互，用户对人机交互的需求持续上升。二是海量的数字内容需求。随着数字经济的发展，用户对数字内容丰富程度的需求不断提高。

在用户对数字内容需求爆发的背景下，传统内容生产方式受限于有限的生产能力，逐渐无法满足用户对数字内容的需求。

当前，传统的数字内容生产方式主要有两种，分别是 PGC（Professional Generated Content，专业生成内容）和 UGC（User Generated Content，用户生成内容）。PGC 可以生成专业的数字内容，但内容生产周期长，难以实现数字内容的大规模生产；UGC 基于广泛用户的参与，可以生成海量的数字内容，但质量难以保证。

AI 在数字内容生产领域的应用，为满足用户的数字内容需求提供了新方案，AIGC 应运而生。而 ChatGPT 作为 AIGC 的典型应用，成为智能产出数字内容的利器。具体来说，ChatGPT 可以产出多方面的数字内容。

例如，在影视创作方面，ChatGPT 可以分析海量影视剧本，总结分析结果，帮助影视剧本创作者寻找创作思路。同时，ChatGPT 能够根据用户输入的剧本要求自动生成影视剧本。影视剧本创作者可以对 ChatGPT 生成的剧本

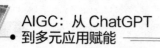
进行筛选，并在其生成的剧本的基础上进一步完善剧本，提升剧本创作效率。

在教育辅助方面，ChatGPT 可以为学生答疑解惑，提升学生学习的自主性；可以生成教学课件、考试试卷等，为学生提供学习资料。这不仅提升了学生的学习体验，还减轻了教师的教学压力。

总之，ChatGPT 催生了内容创作新范式，能够进一步满足用户不断增长的数字内容需求。同时，ChatGPT 引领人机交互领域的变革。基于强大的底层大模型，ChatGPT 能够接收并产出文本、语音、视频等多模态内容，突破了以往 AI 应用人机交互的局限。用户可以通过多种方式与 ChatGPT 进行自然的交互。基于种种优势，ChatGPT 诞生后迅速吸引了海量用户。

1.2.2　三大支撑：ChatGPT 背后的数据、算法和算力

ChatGPT 诞生之初，底层模型是 GPT-3.5。GPT-3.5 是一个被强大算力和算法，以及大规模数据"喂养"出来的大模型。可以说，ChatGPT 的诞生，离不开数据、算力和算法的支撑。

1. 数据

数据是模型训练的养料。在 GPT-3.5 模型训练的过程中，需要大规模、类别丰富的数据。在这方面，OpenAI 接入了很多公开数据集，获得了海量且高质量的数据。例如，公开数据集 Common Crawl 是 OpenAI 进行 GPT 系列模型训练的重要数据来源。Common Crawl 是一个非结构化、多语言的数据集，包含海量网络爬虫数据集，如原始网页数据、文本提取数据等。

2. 算法

ChatGPT 的诞生离不开 AI 算法的支持，AI 算法是 ChatGPT 解决问题的机制。而深度学习算法模型 Transformer 的出现，大幅提升了算法识别、处理多模态内容的能力。在 Transformer 模型的支持下，ChatGPT 展示出了强大的自然语言处理、机器翻译等能力。

在算法方面，在 Transformer 模型的基础上，ChatGPT 还融入了新的训练逻辑，如 RLHF（Reinforcement Learning from Human Feedback，人类反馈强化学习）。RLHF 是一种从人类反馈中强化学习的技术，指的是用户为 ChatGPT 提供反馈，而 ChatGPT 能够根据这些反馈强化学习，实现更好的学习效果。具体流程为：在完成初步模型训练后，训练者对模型的表现提出反馈，并用这些反馈创建强化学习的奖励信号；之后对模型进行微调，将奖励信号纳入模型训练的过程中；模型通过进一步的训练，其性能不断提高。

基于以上流程，以往只依靠数据量改善训练效果的训练模式被改变，ChatGPT 的训练效果进一步改善。

3. 算力

GPT-3.5 模型的训练涉及巨大的计算量，需要强大算力的支持。而高性能计算为 GPT-3.5 模型实现高效输出提供支持。

在 GPT-3.5 模型训练的过程中，高性能计算能够通过并行计算、分布式计算等方式，大幅提升模型训练的效率。同时，在 GPT-3.5 模型运作过程中，高性能计算能够提升模型的响应速度和处理任务的效率。

在数据、算法、算力三大要素的支撑下，GPT-3.5 模型的性能不断提升，为 ChatGPT 的诞生和多场景应用提供了底层支撑。

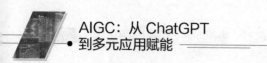
1.2.3 GPT-4: 大模型能力赋能 ChatGPT 应用

ChatGPT 的爆发离不开其底层大模型的支持。2023 年 3 月，OpenAI 发布了新版大模型 GPT-4，对此前的 GPT-3.5 模型进行了升级。基于此，搭载 GPT-4 的 ChatGPT 实现了性能与功能的进一步升级。

GPT-3.5 可以生成高质量的自然语言文本，如对话、文章等，还支持一些自然语言处理任务，如翻译、搜索等。GPT-3.5 具有安全机制，会质疑用户提出的不正确的前提、拒绝用户的不当请求。

GPT-4 在 GPT-3.5 的基础上进行了进一步的升级。在性能上，相较于 GPT-3.5 拥有 1 750 亿个参数，GPT-4 的参数达到 1.5 万亿个，性能比 GPT-3.5 更为强大。GPT-4 可以接收并产出文本、图像等多模态内容，在多个专业领域实现落地应用，表现不输真人。例如，在法律方面，GPT-4 通过了美国的律师资格考试。该考试总共包括 7 门学科考试，在其中的 5 门学科考试中，GPT-4 的得分均高于真人考生。

在各种考试和对比测试中，相较于 GPT-3.5，GPT-4 表现得更为出色，更具创造性且更加可靠。例如，GPT-4 在多种语言测试中的表现都优于 GPT-3.5。

总之，GPT-4 具有更强的解决问题的能力和通用性。依托于 GPT-4 的超强能力，ChatGPT 能够在多领域落地，生成、迭代用户的创意和内容，且具有更高的协作性，例如，可以根据用户的创作风格创作剧本、歌曲等。

1.3 为什么是 OpenAI ●●●

在 ChatGPT 引起越来越多人关注的同时，也有很多人对推出 ChatGPT 的 OpenAI 产生好奇。人工智能领域进行产品研发的公司、机构很多，走到时代前列，推出 ChatGPT 的为什么是 OpenAI？本节就对 OpenAI 进行详细介绍。

1.3.1 OpenAI：从非营利组织转变为营利公司

OpenAI 是一个致力于人工智能技术研发、推动人工智能技术应用的人工智能研究实验室。纵观 OpenAI 的发展历程，其发展可以分为以下几个阶段。

1. 创始阶段（2015—2017 年）

2015 年，山姆·阿尔特曼（Sam Altman）和埃隆·马斯克（Elon Musk）携手发起了一个开发安全与开放人工智能的倡议，这成为 OpenAI 诞生的开端。诞生初期，OpenAI 专注于研发面向游戏领域的人工智能应用。2016 年，OpenAI 发布了一些工具，包括可用于强化学习的开源工具箱 OpenAI Gym、测试平台 Universe 等。

2. 转型阶段（2017—2019 年）

在 2017—2019 年，OpenAI 继续进行人工智能的研发。2018 年，OpenAI 发布了一篇论文，提出生成式预训练转换器（GPT）的概念。其认为，GPT

是模拟人类大脑结构和功能的机器学习模型，可以基于海量的文本数据集进行训练，可以执行多种任务，如回答问题、生成内容等。

之后，OpenAI 开发了第一个 GPT 系列大语言模型 GPT-1，随后将这个模型升级为 GPT-2。但出于对其使用安全性的考虑，OpenAI 并没有面向大众发布该模型。

OpenAI 原本是一个非营利组织，但这样难以获得融资。出于未来发展的需要，OpenAI 在 2019 年宣布改组成为一家营利公司，以吸引更多投资。

3. 快速发展阶段（2019 年至今）

在成功改组后，OpenAI 吸引了众多投资，商业模式也逐渐清晰明了。

2019 年 3 月，OpenAI 进入资本市场，引入战略投资者微软，开启融资之路。2019 年 7 月，微软向 OpenAI 投资 10 亿美元，获得了 OpenAI 大部分技术的商业化授权。在此基础上，微软将 OpenAI 的一些技术与其旗下产品深度融合。

2020 年 6 月，OpenAI 公开了大语言模型 GPT-3，并发布了 OpenAI-API。自此，OpenAI 走上了商业化运作的道路。2020 年 9 月，OpenAI 授权微软使用其 GPT-3 模型。微软成为首家使用 GPT-3 模型的公司。

2021 年，微软再次投资 OpenAI，双方的合作关系进一步深化。微软拥有了 OpenAI 新技术的商业化授权，并将该技术和工具与自身产品进行结合，推出新产品。

2022 年 11 月，经过多年的研发，OpenAI 发布了新的大语言模型 GPT-3.5，并推出了基于 GPT-3.5 的应用 ChatGPT。

2023 年 2 月，OpenAI 推出 ChatGPT Plus，即收费制订阅服务，订阅用户可以在高峰时段优先使用 ChatGPT。2023 年 3 月，升级版大模型 GPT-4 诞生，基于此，ChatGPT 的性能得到了进一步强化。

自从成立后，OpenAI 始终坚持进行人工智能技术的研发，这为其推出 ChatGPT 奠定了坚实的技术基础。同时，微软的投资让 OpenAI 有了强大的资金支持，这为 ChatGPT 的诞生奠定了资金基础。在二者共同作用下，ChatGPT 最终得以诞生。

OpenAI 拥有巨大的未来发展潜力。一方面，手握成功的 AIGC 应用 ChatGPT，OpenAI 将随着 ChatGPT 应用的不断拓展而进一步发展；另一方面，凭借在人工智能、大模型等方面的技术优势以及微软的资金支持，OpenAI 有望在未来研发出更加先进的人工智能技术、推出更加智能的应用。

1.3.2　OpenAI 背后的关键人物

为什么 ChatGPT 诞生于 OpenAI？这离不开 OpenAI 背后的关键人物——格雷格•布罗克曼（Greg Brockman）。

在 OpenAI 还是一个成员较少的非营利组织时，格雷格•布罗克曼担任 OpenAI 的首席技术官。为了与谷歌旗下的产品 DeepMind 抗衡，格雷格•布罗克曼发布了一项计划：让 OpenAI 的研究人员和工程师通力协作，开发出可以玩 DOTA2 的软件 OpenAI Five。

在这项计划中，研究人员团队负责训练新模型，工程师团队负责进行软件开发，促使模型得到应用。

格雷格•布罗克曼在这个项目中进行了许多工作。当时，该项目面临一个难题，即如何使研究人员团队和工程师团队从同一角度看待问题。格雷格·布罗克曼打破了这一僵局，其与 DOTA2 的开发人员进行了长达数小时的谈话，了解了游戏与软件相关问题，并调解了两个团队的矛盾。

2019 年，OpenAI Five 击败了当时最高阶的人类 DOTA2 玩家，获得了胜利。格雷格·布罗克曼的计划取得成功，引起了游戏界的轰动，这个项目成为 ChatGPT 的模仿范本。

此外，格雷格·布罗克曼是 ChatGPT 项目能够成功推进的关键。ChatGPT 的突破不仅体现在技术上，还体现在 AI 技术被用于执行现实世界中的任务上，技术被转化为产品。而格雷格·布罗克曼便是推动 AI 技术产品化的关键人物，其像一个"流动员工"，在各个团队之间游走，帮助团队制定目标，推动团队提高工作效率。

ChatGPT 的火爆使得许多用户开始探索 OpenAI 成功的奥秘。在探索过程中，用户了解到在光鲜亮丽的背后，OpenAI 也曾面临许多困难。而一个能力超群的关键人物能够带领 OpenAI 解决许多问题，最终化险为夷。

02

第 2 章

应用价值: ChatGPT 打开
人工智能新蓝海

ChatGPT 现已成为人工智能领域的焦点, 展现出巨大的应用价值。在这一趋势下, 不少科技巨头宣布入局, 以 ChatGPT 的底层支撑大模型为基础, 打造多样化的类 ChatGPT 产品。这些产品打开了人工智能发展的新空间, 推动了 AIGC 产业发展。

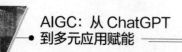

2.1　多重功能，ChatGPT 价值爆发 ●●●

ChatGPT 具有多种强大的功能，如智能搜索、智能对话、内容智能生成、智能交互等，具有巨大的应用价值。在应用过程中，ChatGPT 以敏捷的反应、优秀的交互能力和完备的功能，给用户带来优质的体验。

2.1.1　智能搜索：提供更精准内容

ChatGPT 能够模拟人与人之间连续对话的过程，提供实时、准确的信息。这使得 ChatGPT 成为搜索引擎新入口，提供了一种新的信息获取方式。在 ChatGPT 的赋能下，搜索变得更加智能。

传统搜索引擎将用户输入的关键词与资料库中的关键词进行匹配，并按照一定的算法对结果进行排序。然而这种方法存在搜索引擎无法理解复杂关键词、无法解析长文本、缺乏交互能力等弊端。

而 ChatGPT 催生了一种新的智能化搜索方式，实现了搜索引擎与用户的自然交互。在智能搜索方面，ChatGPT 具有以下优势。

（1）精准搜索。与传统搜索引擎相比，基于强大的自然语言处理能力，ChatGPT 能深刻理解用户的搜索意图，提供更加精确的搜索结果。

（2）对话式交互。用户提出问题后，ChatGPT 能够以对话的形式向用户提供答案，免去了用户反复点击链接的麻烦，使搜索更加便捷。

（3）个性化搜索。传统搜索引擎对用户信息的挖掘和匹配受到诸多限制，而 ChatGPT 能够通过用户输入的提示语不断自我学习，让真正符合用户习惯和偏好的内容能够更快、更精准地呈现在用户面前，并会随着时间的推移不断优化升级，输出的结果更加精准。

基于精准搜索、对话式交互、个性化搜索等优势，ChatGPT 能够极大地提升用户的搜索体验，用户能够以自然语言交互的方式获得精准的内容。

随着 ChatGPT 的发展以及其在搜索领域的应用，未来的搜索引擎将呈现出以下发展趋势。

（1）实现进一步整合与协同。未来的搜索引擎将实现进一步整合与协同，借助 ChatGPT 或其他 AIGC 应用实现信息的智能筛选、精准匹配等，能够提供内容全面的信息。

（2）个性化。在强大技术的支撑下，搜索引擎将基于用户的多样化需求，为用户提供个性化的搜索服务。

（3）向智能助手转变。随着功能越来越全面、智能化，搜索引擎有望发展成为用户的智能助手，为用户提供更便捷的信息获取方式，帮助用户解决各种问题。

ChatGPT 不断进化，实现了从"模糊搜索"到"精准搜索"的跨越，将成为下一代搜索引擎的催化剂，为未来搜索引擎的发展指明方向。而更加便捷、便于交互的搜索引擎更能满足用户的需求，也更具发展潜力。

2.1.2　智能对话：自然的多轮对话

通过对大量语言数据的学习，ChatGPT 可以理解用户的语言，例如，理解语言背后的深层意义以及复杂的对话情景，在此基础上生成精细化、精准的表达。ChatGPT 将重新定义智能对话，在多种场景下为用户提供智能对话服务。ChatGPT 的智能对话功能主要体现在以下两个方面。

1. 智能问答

ChatGPT 是一种面向开放域的应用。相较于任务型对话，面向开放域的对话需要更加强大的技术支撑。任务型对话有固定的模式和范围，而面向开放域的对话没有固定的应答格式，面向不同群体提供不同的内容。

自然语言处理技术不断迭代，使 ChatGPT 能够为用户提供更有效、更直接的内容。传统搜索引擎需要用户自己从信息检索结果中寻找答案，而 ChatGPT 以对话式搜索模式直接为用户提供最优检索结果。

ChatGPT 拥有上千亿个参数，其用于训练的数据集种类丰富，类型涵盖电子书、网页、新闻、社交媒体、电子邮件、论坛等渠道的文本数据。ChatGPT 汇集了科学、广泛的知识，能够通过问答的形式为用户提供丰富的服务。

2. 多轮对话

ChatGPT 具备强大的多轮对话能力，能够与用户进行连续、长期的交互。在多轮对话中，ChatGPT 可以自动记录对话过程，通过对对话过程进行分析，更加准确地理解用户提出的问题，并基于之前的对话内容自动生成个性化、精准的回复。这种多轮对话能力使 ChatGPT 像一个智能伙伴一样，能够与用户就对话主题展开深入探讨。

作为一款对话模型，ChatGPT 能够为用户提供聊天陪伴。无论是日常闲聊，还是专业交流，ChatGPT 都能够给用户提供流畅的对话体验。

根据用户输入的内容，ChatGPT 能够在联系上下文的基础上准确地理解用户的意图，与用户展开贴合语境的交流。为了实现更加顺畅的多轮对话，

上篇
中篇
下篇

ChatGPT 使用"上下文学习"的方法来训练对话模型。多轮对话可以使交流具有连贯性，提升了用户的体验感，解决了单轮对话僵硬的问题，是自然语言理解技术在应用层面的一次飞跃。多轮对话使机器和人能够在特定场景之中连续对话，机器能够深入理解人的意图。

在与用户对话的过程中，通过满足用户的聊天陪伴需求，ChatGPT 能够与用户建立社交连接。就 ChatGPT 的发展形势来看，人机对话将成为数字化沟通和交流的重要组成部分。

2.1.3　内容智能生成：生成多种类型内容

ChatGPT 具有强大的内容生成能力。基于自主学习的特性，ChatGPT 可以在对海量数据进行分析、综合的基础上实现内容智能生成。ChatGPT 可以生成多种类型的内容，如图 2-1 所示。

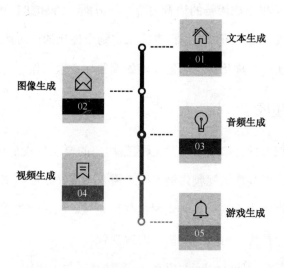

图 2-1　ChatGPT 可以生成的内容类型

1. 文本生成

在文本生成方面，ChatGPT 生成内容的类型十分多样。例如，可以根据用户提问与用户对话、搜索海量教学资料生成教案、根据新闻采编内容生成新闻报道、根据小说内容完成小说续写等。

2. 图像生成

在图像生成方面，ChatGPT 可以根据用户指令生成相关图像。在此基础上，ChatGPT 还可以接收用户指令，对图像的细节进行调整。ChatGPT 也可以根据用户要求生成图文结合的海报、画报等，还可以生成复杂的设计图纸。以生成建筑效果图为例，用户只需输入建筑物尺寸、材料、颜色等信息，ChatGPT 便可生成逼真的建筑效果图。

3. 音频生成

ChatGPT 可以生成流畅的语音内容。一方面，ChatGPT 可以实现自然、真实的语音合成，用户可以根据自身需求定制个性化的语音风格；另一方面，ChatGPT 可以实现多样化的音频创作，如编曲、音乐创作、生成音效等。

4. 视频生成

在视频生成方面，ChatGPT 可以根据用户的要求生成富有创意的视频，助力用户创作。以制作短视频为例，用户需要准备好短视频脚本、音频素材、文字等，同时在脚本中说明各种素材的使用场景。ChatGPT 能够根据用户输入的脚本生成个性化、符合用户需求的短视频。

视频创意软件 Wondershare Filmora 在其网页版中上线了"智能脚本小助

手"功能。该功能以 ChatGPT 为支撑，可以智能生成故事、单人演讲稿、两人对话等多种脚本，为用户创作短视频提供助力。

5. 游戏生成

在游戏生成方面，ChatGPT 能够提供多种助力。ChatGPT 可以提升游戏内 NPC（Non-Player Character，非玩家角色）的智能性，生成更加自然的对话内容，提升玩家的互动体验。ChatGPT 也可以实现游戏剧情智能生成，例如，ChatGPT 可以助力游戏人物背景、故事剧情等内容的创作，并生成游戏地图、关卡、道具等。总体来说，ChatGPT 可以大幅提升游戏开发的效率。

在内容智能生成方面，ChatGPT 具有生成内容自然流畅、高效生成多元化内容等特点。同时，ChatGPT 还能够根据用户需求生成定制化内容，满足用户的个性化需求。

2.1.4　智能交互：多模态融合交互

在智能交互方面，ChatGPT 支持多模态交互，如语音、文字、图像等，可以更好地满足不同用户的不同需求。同时，多模态交互的实现意味着 ChatGPT 能够处理文本、语音、图像等多种类型的数据，可以更准确地理解用户需求，为用户提供个性化的服务。

多模态智能交互功能极大地推动了 ChatGPT 在多场景中的应用，从智能客服、智能助手到智能机器人，ChatGPT 的应用场景将不断拓展。

1. 智能客服

智能客服能够基于自身的智慧性，为用户提供贴心的服务，例如，为用

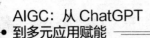
户讲解公司产品、根据用户的预算为其提供购买建议等。而 ChatGPT 与智能客服的结合，将提升智能客服的智能性。基于 ChatGPT 的多模态智能交互功能，智能客服具备更强的感知能力与互动能力，能够识别用户的语音、语气、情绪、动作等，接受多元化的指令，与用户进行自然的交流。

2. 智能助手

基于强大的多模态交互能力，ChatGPT 可以与智能音箱、车载语音助手等智能助手相结合，让智能助手化身用户的超级助理。例如，在调节室内温度方面，传统智能音箱只能依据"打开空调""关闭空调"的指令进行相应操作，而搭载 ChatGPT 的智能音箱具有更强大的认知能力，能够认识到用户在一天中、一年中对室内温度的需求是不一样的，因此能够智能调节室内温度。

除了智能音箱外，语音助手也在 ChatGPT 的支持下变得更加智能。语音助手不再只是被动执行指令，而是知道用户想什么、需要什么。在周围环境发生变化时，用户无须发出指令，语音助手就会自动调整服务内容和服务方式，为用户提供更加贴心的服务。

以车载语音助手为例，在用户驾车进入隧道时，语音助手会提醒用户关闭车窗、打开车灯；在汽车电量不足时，语音助手会主动提示附近充电桩的位置。

3. 智能机器人

ChatGPT 的多模态智能交互功能将推动智能机器人的发展。在 ChatGPT 的支持下，智能机器人不再只是根据固定的程序完成操作，而是可以全方位感知周围环境并对环境进行分析，进而进行精准操作。

例如，当前应用在工业领域的一些智能机器人只能根据固定程序完成喷涂、传送等重复性工作，在既定路线上存在障碍时，智能机器人的行动会受阻。而在融合了 ChatGPT 之后，智能机器人的智能性将大幅提升。当用户向其下达拿起水瓶的指令后，智能机器人可以识别周围环境、确定水瓶的位置、规划行动路线，最终完成抓取水瓶的动作。这意味着智能机器人可以在感知周围环境的基础上，自动生成完成指令的方案，并凭借强大的功能完成更多样、更复杂的任务。

2.2 市场概况：巨头布局 ChatGPT 成为趋势

上篇
中篇
下篇

目前，国内外多家企业积极入局 ChatGPT 应用赛道，力求借助 ChatGPT 实现产品迭代与内部组织的进一步优化。下面以阿里巴巴、腾讯、微软、谷歌四大互联网巨头为例，分析 ChatGPT 为企业产品迭代、组织完善所提供的技术支持。

2.2.1 微软借大模型推出搜索引擎产品

微软与 OpenAI 的关系十分密切，是 OpenAI 的重要合作伙伴。OpenAI 的发展离不开微软的资金支持，在向 OpenAI 投资 10 亿美元的两年后，微软又追加对 OpenAI 的投资。可以说，ChatGPT 的诞生，离不开微软的支持。

在支持 ChatGPT 发展的同时，微软也不断加强技术探索。为了提升自身产品的智能性，微软将旗下搜索引擎 Bing（必应）与 ChatGPT 底层大模型 GPT-3.5 结合，推出了新版搜索引擎 New Bing。在 OpenAI 将 ChatGPT 底层大模型升级为 GPT-4 之后，融合 GPT-4 的 New Bing 智能化程度更高。

New Bing 的优势主要体现在以下几个方面。

（1）New Bing 具有一些特殊的搜索功能，包括语音搜索、实时搜索等，用户可以使用多种方法进行搜索。

（2）与传统搜索引擎相比，New Bing 搜索结果的准确性和全面性有所提高。用户可以使用多种方法对搜索结果进行过滤和排序。

（3）New Bing 使用了多种技术，包括自然语言处理技术、机器学习技术、数据挖掘技术等，能够有效提高搜索效果。

（4）New Bing 具有更多实用的功能，包括语言翻译、计算器等，用户可以在搜索界面直接进行相关操作。

此外，New Bing 能够保存用户的聊天记录，用户随时可以继续之前的对话。New Bing 的聊天界面面向第三方插件开放，这有利于更快地响应用户的需求。例如，用户在与 New Bing 的交谈中提到晚餐，New Bing 可以帮助用户查找和预订餐厅。

从用户的视角出发，一方面，New Bing 将搜索方式由关键词转变为对话式；另一方面，将搜索结果从摘要排列式转变为篇章阅读式。尽管 New Bing 在准确性、排版等方面存在一些问题，但是其凭借个性化交互、内容生成等方面的优势吸引了大量用户。

通过将搜索引擎与先进技术结合，微软成功实现了 New Bing 功能的创新和用户体验的优化，为用户提供更加高效、更加智能的搜索体验。

若说 New Bing 是微软小试牛刀，那么其旗下的 Office 软件以及 Teams 办公软件引入 ChatGPT，则是其真正的布局。

在一个完善、内部要素相互连通的生态系统中引入 ChatGPT，无论引入的速度和使用者的接受程度如何，效率的提升都是指数级的。这将给其他同类型应用带来极大的竞争压力，尤其是在办公软件领域。

试想，一个涵盖了文档记录、演示文件、会议系统、邮件系统、智能助手、智能搜索等功能的一体化软件，和其他只有单个功能的软件，用户的选择显而易见。

2.2.2　谷歌推进大模型研发，融入产品

在布局 ChatGPT 方面，一些企业积极将 ChatGPT 与自身产品相结合，还有一些企业瞄准 ChatGPT 底层大模型，积极推进大模型研发，推出自己的大模型。

2023 年 5 月，在谷歌年度开发者大会上，谷歌展示了最新研发成果——大语言模型 PaLM 2（Pre-trained Language Model 2，预训练语言模型 2）。PaLM 2 是 AI 机器人 Bard 搭载的模型的升级版，能够生成多种文本，擅长自然语言生成、软件开发、语言翻译、数学推理等。PaLM 2 可以应用于搜索、办公、云服务等领域，可以与各种产品结合。

PaLM 2 使用谷歌的定制款 AI 芯片，运行效率得到极大的提高。以 PaLM 2 为驱动的升级版 AI 聊天机器人 Bard 的性能得到显著提升，向百余个国家和地区开放。

在 PaLM 2 的驱动下，Bard 能够提供更精准的回复，提升用户的使用体验。

上篇
中篇
下篇

Bard 已经接入多种编程工具，拥有强大的编程功能。Bard 学习了 20 多种编程语言和谷歌表格（Google Sheets）的函数。在与 Bard 交互的过程中，用户可以将 Bard 回复的内容导出至谷歌文档、Gmail、第三方协作编程 App 或者谷歌 Colab 交互式编码工具。

此外，Bard 的对话框支持插入图片。用户可以借助名为 Google Lens 的工具，使 Bard 更快速地回复其图片提示。例如，用户可以将智能手机的摄像头对准抽屉中的工具和配件，向 Bard 提问"它们可以用来做什么"。

在此次大会上，除了展示大语言模型 PaLM 2，谷歌还推出了具备生成式搜索功能的新版谷歌搜索引擎，并当众进行了演示。例如，谷歌搜索的副总监在搜索框中输入"为什么某样食物会受到用户的欢迎"，传统搜索引擎会给出网页搜索结果，而谷歌生成式搜索引擎则生成几段摘要，包括该食物的味道、优点等，并附有网站链接，网站中的内容印证了摘要。谷歌将这种形式称为"AI 快照"。

同时，谷歌生成式搜索引擎还能够帮助用户挑选产品。例如，用户想要搜寻好用的蓝牙音箱，谷歌生成式搜索引擎将会生成购买蓝牙音箱的建议，并附上常见的问题，包括电池、防水效果、音质等。谷歌生成式搜索引擎还会附上购买链接，为用户提供多种选择。

2.2.3　阿里巴巴瞄向大模型与开源社区

2023 年 6 月，阿里巴巴公布"1+4"开源战略。该战略强调，阿里巴巴将在大数据、操作系统、数据库、云原生四大开源领域之外，向大模型领域进发，而 AI 模型社区——"魔搭社区"作为大模型领域的代表力量首次亮相。

　　魔搭社区由阿里达摩院联合我国多家知名机构共同研发，是一个整合了多个大模型与 SOTA（State of the Art）模型的开源社区。该社区以"模型即服务"为核心概念，以降低大模型技术使用门槛为目的，为更多用户提供技术支持。

　　魔搭社区分为"模型库""数据集""创空间"等多个板块。第一次使用的用户可以进入"文档中心"板块，了解社区中各类模型的基本概念与安装步骤。在"模型库""数据集"板块，魔搭社区以任务目标、研发组织为导向将全部模型分类，用户可根据自己的需求选择相应的模型。

　　在"创空间"板块，用户可在已有平台模型和可视化 SDK（Software Development Kit，软件开发工具包）代码的支持下进行 AI 应用的开发与发布工作。在"动态"板块，魔搭社区定期举办各类竞赛，用户能够在竞赛中获取更多优质数据集，与行业佼佼者切磋交流，提升自我。在"讨论区"板块，用户可以自由分享模型开发体验与心得，与志同道合的伙伴交流经验，激发更多灵感。

　　对于许多中小型企业来说，大模型的研发成本、技术难度极高，训练千亿个参数的大模型所需要的资金更是其难以承担的。而阿里巴巴打响了模型开源社区第一枪，从源头降低大模型研发成本、降低准入门槛。这意味着中小型企业不用从 0 开始研发，而是可以通过微调模型基座，探索适合自身的垂直大模型。

　　不仅如此，开源社区能够改善大模型行业生态，对大模型行业的乱象起到约束与规范的作用。科学技术是一把"双刃剑"，开源社区能够为大模型行业奠定正向发展的技术基底，确保大模型发展进程持续、可控，进而促进各行各业健康发展。

2.2.4 腾讯"混元"大模型完善腾讯生态

2023 年 9 月，腾讯发布"混元"大模型，正式加入"百模大战"。"混元"大模型通过腾讯云向外界开放，各行各业都可以通过 API（Application Program Interface，应用程序接口）调用该模型，也能够以该模型为基底，研发适配自身的行业大模型。

"混元"大模型的显著特点是可以消除"幻觉"。所谓"幻觉"是指由于源内容与目标内容的差异性、训练数据的重复性、解码过程的随机性等，大模型生成的内容看似流畅自然，实则不符合事实或存在严重偏差。

大模型所产生的"幻觉"有可能导致错误信息传播、个人隐私泄露等严重后果。在医疗场景中，如果大模型生成的诊断报告存在"幻觉"，就有可能导致医生误诊，甚至危及患者的生命安全，后果不堪设想。

目前，通用的解决方法是给大模型加入搜索增强、知识图谱等技术，扩大搜索范围，提升搜索能力。"混元"大模型的优势体现在两个方面。

一是其从第一个字符开始从零训练。在预训练阶段，腾讯采用自主研发的"探真"技术优化目标函数。该方法同样适用于大模型"幻觉"的消除工作，能够有效减少 30%～50%的"幻觉"现象，提升大模型可信度。

二是支持超长文本输出。目前，国内外大多数大模型仅支持 1 000 字以内的回答，之后就需要用户手动输入"继续"来让其持续作答。"混元"大模型优化了大模型编码位置，使其具备超长文本输出能力，可持续输出 4 000 字，进一步提升大模型的"思考"能力，使答案更加全面、深刻。

目前，"混元"大模型已接入腾讯超过 50 个业务板块。以腾讯会议为例，通常一场会议持续几十分钟到数小时，发言人一般采用口语化表达方式，生成上万字未经整理的内容。接入"混元"大模型后，参会人员不必担心因会议时间过长而出现各类突发情况。对于没听清、不理解的词汇，参会人员可以直接询问"混元"AI 助手，了解词汇含义及其出现的场合。会议结束后，AI 助手能够生成待办清单、汇总各部门员工接下来的工作任务，十分便捷。

综上所述，相较于其他已有的大模型，虽然"混元"大模型"姗姗来迟"，但其拥有全链路自研能力，能够根据行业和市场需求变化不断提升技术能力，优化行业生态，在"百模大战"中屹立不倒。

2.3　生成式 AI 价值凸显

上篇　中篇　下篇

生成式 AI 是一种以"创造"为核心目的的先进技术，其应用领域包括但不限于自主写作、艺术设计、游戏开发、教育培训、医疗诊断等。近年来，生成式 AI 的价值凸显，为各行各业带来新的机遇和挑战。

2.3.1　生成式 AI 和判别式 AI 的不同

生成式 AI 和判别式 AI 各有千秋，其定义、优劣势及应用场景各不相同，下面将会逐一进行讲解。

1. 定义

生成式 AI 指的是利用深度学习技术和人工神经网络技术，通过对规模庞大的训练数据进行学习和分析，总结数据的分布形式，并以此为基础生成新的数据。其重点在于创造新的内容。常见的生成式 AI 大模型包括 RNN（Recurrent Neural Network，循环神经网络）、LSTM（Long Short Term Memory Network，长短时记忆网络）以及转换器模型等。

判别式 AI 指的是通过分析输入的数据和输出标签之间的关系，从而进行预测、判断，帮助用户做出决策。其重点在于基于已知数据进行预测。常见的判别式 AI 大模型包括支持向量机、随机森林、图片识别、自然语言处理等领域的深度学习模型。

2. 优劣势

生成式 AI 的优势在于具备较高的灵活性和创造性。在数据稀缺的情况下，生成式 AI 能够利用其深度学习能力进行数据增强和数据样本补充。

以某服装制造企业为例，该企业利用生成式 AI 协助员工进行当季新品的策划与营销工作。工作任务包括但不限于提出至少 10 个关于当季新款的构思、分析用户对当季服装的具体需求、针对某一款产品拟定营销方案以及撰写企业竞争力报告。

结果证实，在使用生成式 AI 后，员工的任务完成效率明显提升，工作成果更优秀。尤其对于自身水平较低的员工来说，生成式 AI 能够大幅提升其业绩水平。

生成式 AI 的劣势在于有一个无法跨越的"锯齿状边界"。具体来说，生成式 AI 能够圆满完成"边界"内的工作任务，而对于"边界"之外的任务，生成式 AI 的表现令人大失所望，甚至可以说非常差。

而且，生成式 AI 的专业性较强，除非是非常了解生成式 AI 的专家，否则难以分辨出这一"边界"究竟在哪里。很多时候，在外行人看来难度相近的任务，在生成式 AI 看来是"一个天上，一个地下"。

不仅如此，由于生成式 AI 的普及程度与技术发展水平并不匹配，因此过分依赖生成式 AI 可能造成非常严重的后果。一方面，生成式 AI 所创造的内容存在"幻觉"，其真实性有待提升，如果员工盲目信任其生成的内容，有可能给企业带来损失；另一方面，过分依赖生成式 AI 会使员工变得懒惰、怠于提升自我、对自己的判断失去信心，导致员工的学习能力和社会生产力降低。

判别式 AI 的优势在于训练难度较低、耗时较短、成本较低。由于判别式 AI 只需要集中学习输入数据与输出数据之间的关系，因此在处理大规模数据时效率更高、预测能力更强，能够适用于多任务学习场景。

判别式 AI 的劣势在于，其学习过程决定了其不考虑数据的内部结构且依赖于大体量、高质量的数据集合。因此在处理高维复杂数据时，判别式 AI 的泛化能力不足，无法高效处理数据，也无法生成新的数据。

3. 应用场景

生成式 AI 可应用于新内容生成任务中。例如，在广告策划场景中，生成式 AI 可以协助设计师创作图片、视频等多种形式的作品，为设计师提供一定的灵感；在游戏开发场景中，生成式 AI 可以协助设计师创建虚拟角色，扩展游戏中的地图。

判别式 AI 可应用于预测、分类等任务中。例如，在医疗场景中，判别式 AI 能够协助医生进行患者信息汇总、病因诊断、治疗方案拟定等工作，节省医生的时间和精力，缓和医患关系；在金融场景中，判别式 AI 能够协助金融工作者分析、预测股票涨跌趋势，评估企业信用资质等。

上篇

中篇

下篇

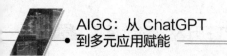

综上所述，判别式 AI 与生成式 AI 各有所长，用户需要根据任务类型、数据规模和质量、时间与资金成本以及应用场景综合考量，选择合适的 AI 模型。

2.3.2　提供创作辅助，提升内容创作效率

作为生成式 AI 的典型代表，基于强大的内容生成能力，ChatGPT 可以根据用户输出的关键词或需求智能输出结果，并可以根据用户的详细要求，对输出结果进行进一步加工。这意味着 ChatGPT 可以作为创作者的帮手，为创作者创作内容提供辅助。

例如，在进行文字创作时，保持文思泉涌的状态十分重要，而 ChatGPT 可以为创作者提供灵感和创作方案。在遇到写作瓶颈时，创作者可以通过与 ChatGPT 沟通，获得一些创意想法。在进行艺术创作时，ChatGPT 可以帮助创作者生成一些创作素材，为创作者提供灵感。

2023 年 2 月，饮料巨头可口可乐和著名咨询公司贝恩正式签署协议，主要内容为：可口可乐将借助 ChatGPT 探索丰富营销创意、提高营销创造力的方法。ChatGPT 强大的内容创作能力可以为可口可乐的营销部门赋能，为营销部门提供营销创意和营销创新的素材，帮助营销部门生成更具创意的营销文案。

可口可乐与 ChatGPT 对双方的合作将如何展开并没有透露太多，但这无疑表明，ChatGPT 带来的创新机遇是值得各大企业把握的。人与 AI 技术的结合，产生的结果将远优于二者"单打独斗"。在产品更新换代迅速的市场中，可口可乐需要保持长久的竞争力，而借助 ChatGPT，可口可乐营销部门可以

捕捉到海量的信息，获得更多创意灵感和营销素材，生成多样化的营销文案。

在 ChatGPT 引发的风潮下，许多品牌借助 ChatGPT 背后的 AI 生成技术生成内容，实现了更多创意。例如，网易是一家互联网企业，一直致力于 AI、区块链等先进技术的研究，积极利用技术推动产品创新。其旗下的生活方式品牌网易严选在 7 周年之际，发布了一首由 AI 打造的歌曲《如期》，其宣传海报如图 2-2 所示。

图 2-2　AI 打造的歌曲《如期》

《如期》的歌词来源于网易严选的用户评论，巧妙地将网易严选的优秀产品与用户的生活联系在一起，讲述了用户与网易严选相伴的时光，传递了网易严选温暖地陪伴用户的态度。

网易云音乐旗下的 AI 音乐创作平台网易天音为《如期》提供 AI 技术支

持，生成了歌词内容。同时，《如期》的宣传海报也是 AI 生成的。网易严选充分利用 AI 技术，进行了方案设计、拍摄和制作等工作。AI 可以根据网易严选的产品调性生成符合其风格的拍摄场景、道具等素材照片，提高了设计的效率。

除了网易严选之外，美团优选也使用 AI 进行了一次别出心裁的营销。美团优选推出了一个名为"省钱少女漫"的广告。该广告总共有 10 幅漫画，全部由 AI 创作。"省钱少女漫"是人类甲方与 AI 乙方的首次合作，AI 创作了 10 个能够使用户食欲大增的晚饭场景，传递了买菜做饭去美团优选的信息，是一次十分成功的营销。美团优选将用户体验作为重点，并输出有趣的内容，结合当下的 AI 创作热点，获得了极佳的宣传效果。

将生成式 AI 与创意营销相结合，不仅能够提高输出内容的质量，还能够增强品牌与用户的互动，提高品牌认知度。

2.3.3　生成式 AI 打开 AIGC 产业发展新空间

ChatGPT 的应用展现了生成式 AI 的巨大发展潜力，给整个 AIGC 产业带来了新的发展契机。ChatGPT 的发展将推动生成式 AI 这一先进技术与 AIGC 产业加快融合，打开 AIGC 产业发展的新空间。

生成式 AI 是一种基于深度学习技术的人工智能技术，能够让机器根据输入的内容（如图像、文本等），生成高质量的自然语言文本。而 AIGC 则是将 AI 技术应用于内容创作领域的一个重要方向，不仅可以创造出各种富有创意和想象力的内容，还可以为用户提供能够满足其需求的个性化推荐。随着 ChatGPT 的出现，生成式 AI 和 AIGC 行业的融合发展将成为趋势。

ChatGPT 可实现基于文本或语音输入的对话交流。ChatGPT 会学习人类的语言表达规律和表达方式，并根据对话上下文生成具有连贯性、符合语境的回答。换句话说，ChatGPT 实际上是一种基于生成式 AI 的应用，可以自主地生成高质量的自然语言文本。

在生成式 AI 领域，ChatGPT 拥有非常广阔的应用前景。目前，ChatGPT 可以用于人类与机器之间的自然交流，例如，机器人智能客服、智能语音助手可以分析人类的语言，并基于深度学习技术生成连贯、自然的语言文本。在未来，ChatGPT 有望作为一种全新的通信工具，使人与机器的交流变得更加智能、流畅。

在 AIGC 领域，ChatGPT 可以作为一种高效的工具辅助用户创作内容，为用户提供实时的互动体验。ChatGPT 可以通过对话模型预测用户的创作偏好和创作风格，并据此智能调整内容的精准度。另外，ChatGPT 还可以帮助用户解决创作中的难题，为用户提供一些有效的创作建议，从而提高创作的趣味性和灵活性。

总之，ChatGPT 是一种极具发展前景和应用潜力的技术。它的出现推动了生成式 AI 与 AIGC 领域融合发展，开辟了新的应用空间和商业机会。尽管目前 ChatGPT 的发展还面临一些挑战和问题，如语音识别率低、语境识别不清等，但随着深度学习技术的进一步发展和完善，ChatGPT 的应用场景将更多、应用价值愈发凸显。

上篇

中篇

下篇

03

第3章

重塑职场：ChatGPT 引发
职业生态变迁

ChatGPT 拥有强大的能力，对各行各业工作者的影响都很深刻。一方面，ChatGPT 能够节省人力成本并优化工作流程，展现其独有的技术优势，引发多种传统职业发生变革；另一方面，ChatGPT 带来多样化的新兴职业，进一步推动 AI 大模型行业规范化发展。

3.1 ChatGPT 引发多种传统职业变革 ●●●

传统职业经历了多年发展，工作流程、技能要求基本固定，而 ChatGPT 给其带来了颠覆性变革。下面将深入揭示 ChatGPT 给咨询、翻译、数据处理、内容生成四类职业带来的变革。

3.1.1 咨询类职业：ChatGPT 取代人工

基于海量的知识储备以及强大的智能对话能力，ChatGPT 可以与用户顺畅地沟通，解答用户提出的多样化问题。在基于专业内容进行针对性训练后，ChatGPT 可以化身领域内专家，针对领域内问题给出专业的回答。这意味着 ChatGPT 可以完成多样化的咨询工作。未来，ChatGPT 有望在客服等领域完全替代人工，为用户提供优质的服务体验。

ChatGPT 可以在咨询领域承担很多重要的角色。例如，它可以作为一个客户服务热线，及时响应客户的咨询和查询，并基于强大的学习能力与丰富的知识积累，为客户提供及时的解答和建议。此外，ChatGPT 还可以扮演信息采集员的角色，对客户的需求进行分类和汇总，为其后续的咨询提供重要参考。

ChatGPT 可以为客户提供个性化的咨询服务。例如，通过对客户的历史咨询记录进行分析，ChatGPT 可以向客户推荐其可能感兴趣的服务，从而提升服务的针对性和客户对服务的满意度。此外，ChatGPT 还可以利用智能导航功能引导客户选择适合他们的产品或服务，从而有效提高销售转化率。

ChatGPT 在咨询领域的应用也面临一些挑战和问题，需要我们关注和解决。例如，由于大多数客户比较依赖人工咨询，他们可能需要一定的时间适应新的咨询方式。此外，ChatGPT 在咨询领域的应用，还需要不断地进行技术创新和升级，以保证持续给用户提供优质的互动体验和服务。

总之，ChatGPT 在咨询领域具有巨大的应用潜力和广阔的发展前景。通过不断地进行技术创新和功能升级，未来的 ChatGPT 有望成为一个更加智能、更加高效、更加便捷的咨询服务工具，为用户带来更好的服务体验。

3.1.2　翻译类职业：ChatGPT 提供多重帮助

当前，翻译行业面临专业的小语种翻译人才较少、翻译过程存在语言障碍和文化差异障碍等问题，这些加大了翻译工作的难度。要想出色地完成翻译工作，翻译人员不仅需要熟练掌握语言知识，还要清楚语言背后的文化、习惯用法等。

此外，翻译人员还需要解决特定行业背景下的术语、用语等问题。例如，医学、法律、金融等领域的术语和用语都有着非常高的专业性和技术含量，需要翻译人员有丰富的专业知识储备和实践经验，而这些专业性要求提高了翻译人员的入门门槛。

针对翻译类职业领域的这些挑战，ChatGPT 能高效地辅助翻译人员完成翻译任务。具体来说，ChatGPT 能够在以下几个方面为翻译人员提供帮助，如图 3-1 所示。

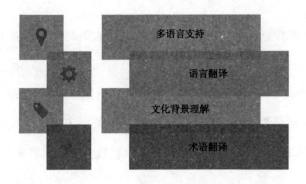

图 3-1 ChatGPT 为翻译人员提供的多重帮助

1. 多语言支持

ChatGPT 支持多种主流语言，包括中文、英文、日语、韩语、法语、德语、俄语、西班牙语等，能够帮助翻译人员快速进行语言转换。

2. 语言翻译

基于自然语言处理技术和机器翻译技术，ChatGPT 能够快速识别输入的语言，进行智能化翻译。这能够提高翻译效率，同时能够避免出现错误。

3. 文化背景理解

在翻译时，ChatGPT 不仅考虑语言之间的转换，还考虑不同文化背景下语言表达存在的差异。对于一些存在文化差异的语言表达，ChatGPT 会根据不同的文化背景进行合理的转换，从而达到更好的语言沟通效果。

4. 术语翻译

在翻译特定行业的文章、文献时，ChatGPT 能够充分利用自然语言处理技术，对文章中的术语、专业用语等进行识别和翻译。这能够帮助翻译人员更快地了解文章中的内容，同时能够避免翻译人员对特定行业不熟悉导致的翻译错误。

总之，ChatGPT 应用于翻译领域能够很好地帮助翻译人员解决工作难题，为企业和个人提供更为智能化、高效的翻译服务。未来，随着人工智能技术的不断发展，ChatGPT 将不断优化和完善，替代人工完成许多翻译任务。

3.1.3 数据处理类职业：ChatGPT 融入多环节

ChatGPT 的应用引发数据处理类职业产生变革。ChatGPT 将融入数据处理流程的多个环节中，提高工作效率并降低数据出错率。

1. 数据输入

在数据输入类工作中，人力成本始终是一笔较高的开支。而 ChatGPT 的出现，可以极大地降低这种成本。

在数据录入这一环节，传统的方式是由人工在电脑上逐一输入数据。这种方式速度较慢，且输入数据的准确性无法得到保证。而 ChatGPT 在这一环节中的使用，不仅可以提高数据输入的速度，还能够实现更高的准确度。

2. 数据加工

在数据加工方面，ChatGPT 也"得心应手"。通过学习算法，ChatGPT 可以对数据进行分类、筛选等，并且能够高效地完成大量数据的统计及可视化处理工作。与传统手动处理数据相比，ChatGPT 节省了大量的时间，提高了工作效率，并且减少了错误的概率。

在应用过程中，ChatGPT 将推动数据处理类职业发生变革。在银行、保险、证券等金融机构中，进行数据处理前，工作人员需要审核、统计和分析大量数据，以寻求财务优化、风险管理和业务营销的最佳方案。

审核、统计和分析这些数据有一定的困难且较为烦琐，全部由人工进行这些工作的效率较低。而 ChatGPT 可以将这些工作拆分，自动进行数据审核、统计和分析，极大地提高数据处理、数据分析的效率，降低错误率。

ChatGPT 的出现，不仅简化了数据处理职业中的日常工作，而且为企业探索未来的数据智能化发展趋势提供了启示。随着自然语言处理、人工智能等技术不断发展，ChatGPT 在未来将会越来越智能，能够应用于各种各样的数据处理场景中。

此外，随着智能机器人技术日趋成熟，ChatGPT 可能会带来更多创新成果与应用，如智能推荐、智能客服和智能管理等领域的应用，这将为企业带来无限商机和更高效的服务模式。

ChatGPT 在数据处理领域有着广阔的应用前景，不仅为行业带来了快捷、便捷和高效的工作方式，还为行业未来的发展指明了道路。未来，随着技术的进一步发展和应用，ChatGPT 将带领我们走向更加智慧的未来。

3.1.4 内容生成类职业：ChatGPT 显现优势

基于强大的自然语言理解、智能生成等能力，在内容生成方面，ChatGPT 具有显著的优势。这意味着 ChatGPT 将对内容生成类职业产生较大影响。ChatGPT 可以独立完成简单的内容生成工作，同时在面对复杂的内容生成工作时，可以作为辅助，为用户产出其需要的内容。

ChatGPT 可以帮助内容创作者自动处理任务，加速文档处理流程，提高工作效率，在提供准确的内容的同时，保证文档的一致性和标准化。

在报告撰写工作中，ChatGPT 可以帮助内容创作者快速、准确地找到所需信息，加快撰写报告的速度，提高报告的质量。它可以利用人工智能技术透彻地理解自然语言，提供更智能、更自然的交互方式，在较短的时间内高效地生成高质量的报告。ChatGPT 还能帮助内容创作者更好地组织信息、把控文档质量、自动化更新文件，有助于提升信息管理水平。

内容生成是各个行业中的基础性工作，如新闻稿生成、广告文案创作、市场调研报告撰写、宣传材料撰写等。ChatGPT 可在这些领域中起到重要作用。它能够自动化地生成和优化内容，帮助内容创作者节省时间和精力、提高工作效率。

目前，越来越多的企业开始采用 ChatGPT 并对 ChatGPT 进行训练，以使其根据企业的特定标准生成合适的文档。这有助于文档风格保持一致，帮助员工更快地完成任务。

ChatGPT 在内容生成领域有以下几个明显的优势，如图 3-2 所示。

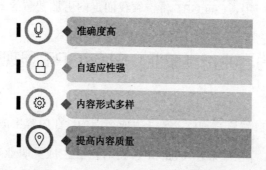

图 3-2　ChatGPT 在内容生成领域的优势

1. 准确度高

ChatGPT采用自然语言处理技术，能够准确地理解用户的语言，根据用户需求生成准确的内容。在这个过程中，ChatGPT能够与用户进行多轮对话，并根据用户的细化需求进一步优化内容，最终产出满足用户需求的内容。

2. 自适应性强

ChatGPT可以根据用户输入的内容进行学习，不断提升输出内容的准确性、质量和专业度。例如，基于用户输入的大量细分领域数据，ChatGPT会进一步优化，提升在这一领域的专业性，产出专业性更强的内容。

3. 内容形式多样

ChatGPT可以生成多样化的内容，如故事、诗歌、新闻稿、营销文案、行业报告等，满足用户对内容形式的多样化需求。

4. 提高内容质量

ChatGPT可以有效提高内容质量。一方面，ChatGPT可以生成语法规范、逻辑严谨、语言流畅的高质量内容；另一方面，ChatGPT可以自动识别内容中的语法错误、字词错误等，并对其进行纠正，提升内容质量。

基于以上优势，ChatGPT在内容生成领域的应用为从事这些职业的人员带来了许多便利，提高了从业人员的工作效率和质量，推动了整个行业的进步。但ChatGPT也给从事这些职业的人员敲响了警钟：如果缺乏对内容做出判断和优化的能力，则有可能被更懂AI的人或AI本身替代。

上篇

中篇

下篇

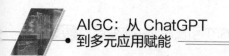

3.2　ChatGPT 带来多种新兴职业　●●●

ChatGPT 促使许多与其相关的职业逐渐兴起，为职场大环境注入新鲜血液。新兴职业者利用自己的专业技能推动 AI 行业发展，同时为规范 AI 行业、降低行业风险贡献出自己的力量。

3.2.1　AI 模型训练师：进行 AI 模型个性化定制

AI 模型训练师是为企业设计并研发 AI 模型的专业技术人员，其工作目标是让 AI 模型像人类一样学习、思考和决策，协助企业领导者制定适合企业的发展方案。通常来说，AI 模型训练师的工作内容包含以下两个方面。

1. 数据处理和预处理

首先，AI 模型训练师需要对收集到的原始数据进行清洗，处理缺失数据、噪声数据以及前后不一致的数据。

其次，AI 模型训练师需要进行数据集成工作，对多个来源的数据进行实体识别，例如"李四"和"LS"是一个人，"有一说一"和"yysy"是一个意思。AI 模型训练师需要将各个来源的数据整合，统一表现形式，存储在统一的数据库中。

再次，AI 模型训练师需要进行数据规约工作，即在不改变数据原貌的前提下，尽可能减少数据量，从而降低错误数据对建模的负面影响，降低数据存储和分析的成本，提高后续工作效率。

最后，AI 模型训练师需要进行数据转化工作，以类似函数映射的方式转变数据的表现形式，展现数据所涉及要素之间的关系，为进行进一步数据分析和制定方案奠定基础。

2. 模型研发与运维

首先，AI 模型训练师需要根据不同用户的不同需求，选择合适的算法并结合编程语言进行 AI 模型的设计与开发工作。

其次，在模型训练阶段，AI 模型训练师需要做好数据准备、质量检测、流程化训练检测等工作，排除模型故障。在这一阶段，AI 模型训练师需要对模型准确率负责，确保其在训练结束后准时部署上线。

再次，模型部署上线后，AI 模型训练师需要定期对模型进行维护和优化，确保模型与实际应用场景深度融合，为用户提供便利。

最后，在日常的模型训练工作中，AI 模型训练师要能根据客户需求灵活调整模型训练流程，设计新的模块，与算法、标记团队积极沟通，给出模型优化方案，并撰写训练报告。

由此可见，AI 模型训练师不仅需要掌握机器学习、深度学习以及人工神经网络等相关领域的知识，熟练掌握 Python、Java、C++等至少一门编程语言，还需要具备较强的沟通、协调和抗压能力，能够与团队成员通力合作，勇于承担责任。部分企业还要求 AI 模型训练师具备较强的英语口语能力，达到流畅对话水准。

一位华为云 AI 工程师坦言，他曾负责一个车牌识别项目，客户要求模型精度达到 99.95%。在应用场景复杂、技术难度高等多重压力之下，他与团队

成员通宵查找资料、讨论方案，同步训练多个模型，最终圆满完成任务。尽管 AI 模型训练这份工作有些枯燥，但模型成功落地的喜悦与成就感，是只有 AI 模型训练师才能体会到的幸福。

近年来，AI 模型训练师的重要性不断提升。越来越多的企业聘请 AI 模型训练师开发、部署 AI 模型，帮助企业实现数智化转型、提升竞争力。对于 AI 模型训练师来说，其需要具备自主学习与创新意识，在 AI 领域深耕，不断充实自己的知识库，在快速发展的新兴科技领域中站稳脚跟。

3.2.2　提示词工程师：帮助用户与 AI 互动

想要使 ChatGPT 给出精准的答案，用户就需要有效地提出问题。在这种情况下，一种新兴职业——提示词工程师应运而生。提示词是以 ChatGPT 为代表的人工智能系统能够精准理解用户需求的关键。准确的提示词可以帮助系统准确捕捉用户意图，给出更加精准的回复。

以 ChatGPT 为例，ChatGPT 作为一款先进的人工智能应用，不仅集成了很多人工智能领域的技术，在提示词系统的设计上也很注重细节，努力使用户与机器人之间的交互更加流畅、自然。ChatGPT 通过引导用户输入问题，从知识库中获取关于问题的信息，进而给出更符合用户需求的答案。

同时，ChatGPT 可以识别用户提供的提示词，并基于这些词提供更加准确的答案。通过结合智能算法和提示词系统，ChatGPT 能够不断提升内容输出的准确性，给用户提供更优质的体验。

ChatGPT 的成功离不开提示词工程师的努力。在训练阶段，ChatGPT 基于提示词工程师给出的提示词一遍一遍地修正输出的内容。在应用中，基于完善的提示词系统，ChatGPT可以根据用户提供的提示词完善输出的内容。

随着ChatGPT以及诸多类ChatGPT应用的发展，提示词工程师变得越来越重要，成为一种新兴职业。一名优秀的提示词工程师需要具备以下能力，如图3-3所示。

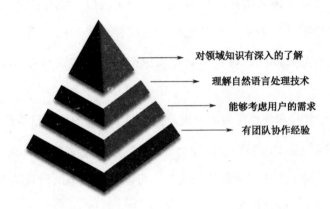

对领域知识有深入的了解

理解自然语言处理技术

能够考虑用户的需求

有团队协作经验

图3-3　优秀提示词工程师需要具备的能力

1. 对领域知识有深入的了解

一个功能强大的提示词系统需要建立在深入理解特定领域知识的基础上。提示词工程师需要具备专业领域的知识，以引导用户提出有效的问题。

2. 理解自然语言处理技术

自然语言处理是能够让计算机理解和分析自然语言的技术。提示词工程师需要掌握这种技术，以帮助聊天机器人更好地理解和处理用户输入的问题。

3. 能够考虑用户的需求

提示词工程师不仅需要具备特定领域的知识和技术，还要能够理解用户

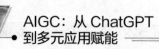

的真实需求。他们需要保证设计出来的提示词系统能够不断改善，给用户提供优质体验。

4. 有团队协作经验

研发一个功能强大的提示词系统需要一个高度专业化的团队，系统中的每一个关键部分都要实现高效运作。这就要求提示词工程师具有团队协作经验，能够与各部门、各环节负责人保持良好的沟通与协作，推动任务顺利进行。

在人工智能技术快速发展的今天，提示词工程师的作用日益凸显。未来，其在人工智能行业中的影响力将进一步提升。同时，随着越来越多人工智能产品的出现，提示工作将变得更加复杂，可能会出现不同语言的提示词、针对不同用户群体的提示词等。

3.2.3 AI 内容审核员：规避智能输出内容的风险

生成式 AI 大模型不断发展，推动 AI 写作、AI 绘画、AI 作曲等领域的作品、应用不断涌现。生成式 AI 打破了设计师创作能力的瓶颈，赋予其更多、更具创意的灵感，提升了其作品产出效率。而对于许多外行人来说，生成式 AI 降低了艺术创作的门槛，人们不必掌握音乐、美术等相关领域的专业知识也能够成为"艺术家"。

然而，生成式 AI 的爆发式增长引发了内容违规、版权被侵犯、信息泄露以及伦理争议等多方面的问题，内容风险大幅提高。为了促进 AI 产业良性发展，AI 内容审核迫在眉睫。在此背景之下，AI 内容审核员应运而生，以团队

上篇
中篇
下篇

的形式从以下五个方面入手为企业提供 AI 内容审核服务。

1. 优化训练数据集

AI 内容审核团队为生成式 AI 打造内容丰富的训练数据集，其中既有正面、负面等多种场景的案例，也有对各种可能发生的风险的预测。该数据集支持英语、韩语、日语等超过 20 种语言，并可以实现实时更新。

2. 迭代算法模型

AI 内容审核团队具备较强的数据分析能力，能够提升算法性能，确保 AI 算法模型能够及时迭代，使审核结果更加准确。

3. 定制审核策略

用户的业务场景不同，审核需求也不同。AI 内容审核团队以用户需求为导向，以信息保密为原则，对用户提供的数据信息进行加密处理，为其定制个性化的审核策略，在保障数据安全的前提下达到最佳审核效果。

4. 实时监控内容

AI 内容审核团队构建实时监控系统，提供 7×24 小时的全天候审核服务。基于此，团队可以及时发现违规内容，快速完成内容过滤工作，防患于未然。

5. "AI+人工" 双保险

人工审核可以精准识别误导性或违法内容，其重要性不言而喻。而 AI 审核主要应用于内容风险防范和舆情监测方面，进一步减少人工审核工作量，同时在接触多场景、多维度信息过程中不断扩充数据库，提升内容识别与过

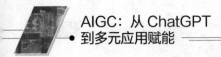

滤的准确性。AI 与人工相结合，为生成式 AI 的内容审核提供双重保险，能够完善全链路内容风控体系。

AI 内容审核员的重要性毋庸置疑。随着相关法律法规的不断完善与审核技术的升级，生成式 AI 能够实现良性发展，对整个社会产生更多积极作用。

3.3　ChatGPT 带来的职业思考

在 ChatGPT 与职业生态融合发展的背景下，各行业的工作者在感叹 ChatGPT 给自己的工作带来便利的同时，也担心终有一日自己会被 AI 取代。这引发了各行业工作者对自身未来发展方向的思考。

本小节对 ChatGPT 对职业发展的影响进行深度分析，并探讨如何将 AI 工具与工作结合，实现人类工作者与 AI 技术的长期合作。

3.3.1　ChatGPT 对职业发展的影响

目前，以 ChatGPT 为代表的各类 AI 工具逐渐渗透各行各业，对企业内部组织架构、业务流程以及工作要求产生不同程度的影响。许多员工的职业发展因此受到影响，主要体现在以下 3 个方面，如图 3-4 所示。

1. 以影响程度为导向的劳动力变革

AI 工具对不同职业的影响不尽相同。例如，财务、审计、翻译、信息录入等职业的共同特点在于离不开文字处理、资料收集与整理等重复性工作，而这是

AI大模型的强项。因此，从事这些职业的员工更容易被AI工具所替代。

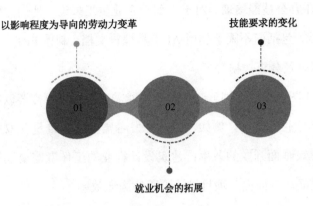

图3-4 ChatGPT对职业发展的影响

而家政、技工、烹饪、护理等职业的共同点在于离不开人与人之间关于物质、情感诉求的交流。就目前来看，AI工具的技术水平和能力不足以对这些职业产生深刻的影响，因此从事这些职业的员工暂时不会被AI工具所替代。

2. 就业机会的拓展

由上文提到的AI模型训练师、提示词工程师和AI内容审核员三大新兴职业可以看出，AI工具的开发与运维、伦理与安全风控等方面的职业需求将会增加。在此基础上，AI工具、技术的教育与培训、机器学习技术与深度学习技术等方面的专精人才需求也呈上升趋势。由此可见，AI工具的发展将催生新的就业机会。

3. 技能要求的变化

随着AI工具与传统工作不断融合，企业对员工的技能要求将发生变化。员工需要了解并掌握AI工具的使用方法。从目前市场上关于AI工具的技能培训课程来看，企业员工对 AI 工具的技能诉求可分为两个方向。

一是 AI 办公技能培训。对于大部分企业员工来说，他们需要掌握通用的 AI 办公技能，包括但不限于利用 AI 工具编辑文档、制作 PPT、处理体量较大的电子表格以及分析数据等。

二是 AI 图像生成培训。这方面的技能需求主要来自需要以图像为载体开展业务的各行业工作者。例如，游戏开发者需要缩短批量获取原画的时间，进而提升游戏画面开发的效率；建筑设计行业的工作者需要缩短设计概念稿和模型的时间，进而提升项目设计阶段的沟通效率。

AI 工具对各行业的影响是一个循序渐进的过程，企业员工需要对 AI 工具保持关注，自主学习相关知识，掌握一定的 AI 工具使用方法，有备无患。

3.3.2　积极应对：将 AI 工具与工作结合

AI 来势汹汹，各行业的工作者与其担忧 AI 会在未来彻底取代自己，不如主动出击，将 AI 工具与工作结合，发挥自身独有的优势，增强自身的不可替代性。

1. 充分了解多样化的 AI 工具

不同的 AI 工具，优势及应用场景各不相同。工作者只有充分了解其不同之处，才能精准选择合适的 AI 工具，提升工作效率。一般来说，AI 工具可划分为以下五种类型，如图 3-5 所示。

（1）AI 助手。AI 助手是发展较早、较为常见的 AI 工具，包括但不限于 AI 语音助手、AI 智能翻译以及 AI 语义搜索等。AI 语音助手可以通过用户口头下达的指令控制电子设备，进而完成相关操作。AI 智能翻译能够打破语言不通的障碍，其灵敏度不断提升。AI 语义搜索能够识别用户语句背后的真正意图，为用户查找最符合其需求的答案。

图 3-5   AI 工具的五种类型

（2）AI 数据分析。该类 AI 工具主要应用于报表制作和数据可视化呈现上，能够帮助企业管理层明确业务现状，辅助管理层做出更加客观、科学的决策。

（3）AI 策划。该类 AI 工具主要应用于会议策划、日程安排和自动化排版等方面，有助于企业更加高效地举行大型会议、自动进行会议记录、制订各部门工作计划。自动化排版有助于各部门统一工作报告格式，进一步提升工作效率。

（4）AI 社交。该类 AI 工具主要应用于客户服务、自动回复、团队合作等方面，能够帮助企业的客服人员回复流程性问题，减轻客服人员的工作负担。此外，AI 社交工具能够帮助团队成员提取沟通重点，明确业务进展，促使团队成员关系融洽、密切合作。

（5）AI 安全。该类 AI 工具主要应用于智能门禁、安全存储以及威胁检测

等方面，能够保护企业核心机密，及时发现外部安全威胁并快速处理。

通过了解 AI 工具的分类及适用场景，工作者能够明确自己需要优先学习并掌握的 AI 工具，利用其提升自身的工作能力。

2. 让 AI 工具服务于业务流

通常来说，业务发展可以分为前、中、后期。在业务发展前期，员工可利用 AI 工具进行市场调研，了解用户与市场需求。在这一阶段，员工需要获取大量的数据，才能得出可靠的市场调研结果，因此需要依赖 AI 工具处理大量的数据信息。

在业务发展中期，AI 工具依然是一种辅助工具。员工必须明确自身的工作目标，把控细节，知晓 AI 工具的能力极限，不能完全依赖 AI 工具。例如，平面设计师可以利用 AI 工具辅助设计，但前提是其必须理解用户需求，将需求提炼成涵盖风格、材质、场景、画风等多方面的数个关键词，再向 AI 工具发出指令。

在业务发展后期，AI 工具可以帮助员工收集用户反馈、提炼用户诉求，有助于相关部门优化产品和服务。但员工依旧要持续关注用户情绪，积极与用户进行情感交流，这是 AI 工具所无法完成的。

综上所述，虽然工作者要对 AI 工具保持警惕，但也不必过分焦虑。工作者可以借助 AI 工具加快前进的脚步，不断提升自己，取得更加惊艳的工作成果。

中篇

AIGC 开启走向通用人工智能的新纪元

04

第 4 章

生产力变革：AIGC 掀起
内容生产力革命

AIGC 给内容生产领域带来颠覆性变革，掀起了内容生产力革命。一方面，AIGC 使内容生产方式由专业生产、用户生产进化至第三阶段——AI 生产。另一方面，AIGC 的爆发式增长能够实现文本、图像、音频、视频等多模态内容生成，提升相关企业的工作效率，促进社会发展。

4.1 技术迭代，内容生产方式进化 ●●●

内容生产方式在互联网与人工智能技术的影响下不断进化，从 PGC、UGC 到如今的 AIGC。下面将对这 3 种内容生产方式进行逐一讲解。

4.1.1 PGC：专业内容产出

PGC 是指由专业知识丰富的创作者及其团队进行内容创作与发布工作，最早可追溯至 20 世纪 90 年代。随着互联网的诞生和发展，"信息经济"应运而生，人们可以利用互联网生产并发布内容，通过流量曝光获取收益。

然而，当时只是静态互联网，大部分用户只能通过网络获取信息。而具备创建并发布内容能力的用户并不全是某一领域的专家，他们掌握专业的信息聚合、筛选方法，将用户感兴趣的内容分门别类地发布在门户网站上。

PGC 的代表产品有雅虎网、IMDb（Internet Movie Database，互联网电影资料库）等。随着 Web 1.0 时代的发展，各种媒体机构、内容平台以及知识付费公司不断涌现，逐渐形成了现在人们所熟知的 PGC 内容生产方式。

常见的 PGC 平台可分为纯 PGC、PUGC 和 POGC 三种。纯 PGC 平台只负责提供一个内容发布的平台，具备相应的内容审核机制，但不承担内容生产的成本。PUGC 平台是 PGC 和 UGC 的结合体，其核心思想是利用推荐算法让用户接触不同层次的内容，同时具备一定的激励机制，刺激水平一般的内容生产者提升创作能力，增加平台流量。

POGC 是 PGC 与 OGC（Occupationally Generated Content，职业生产内容）的结合体，其核心思想是通过引入更多头部内容创作团队，获取更多资源，提升平台内容的质量，进而增加收益。

PGC 的优势在于，生产和发布内容的人员具备一定的资历，专业技能水平和综合素质较高，能够持续输出高质量内容。同时，由于这样的专业人士数量较少，平台对其的管理和培训也相对便利，能够保证内容质量与人员构成始终处于可控范围之内。

PGC 的劣势在于，专业内容的创作需要经历选题、构思、撰写、审校、排版以及发布等多个环节，生产周期较长，时间成本较高。而且，基于创作人员的专业性和固定性，内容存在"不接地气"的特点，阅读门槛较高，难以广泛地吸引读者，覆盖的人群有限。因此，平台难以保证发布的内容能持续盈利。

不仅如此，随着专业人士的规模逐渐扩大，审核资质、管理培训、验收内容等方面的人力与资金成本也在上涨，平台营收压力增加，运营难度增大。

4.1.2　UGC：用户产出海量内容

UGC 是指由普通用户参与内容的创作和发布工作。随着社交网络的不断发展，内容创作和发布的门槛降低，越来越多的用户通过论坛、博客等社交网络平台发布原创内容。UGC 平台的早期搭建工作大致可分为以下三个步骤，如图 4-1 所示。

图 4-1　UGC 平台的早期搭建工作

1. 创建初始化内容

一个从零起步的 UGC 平台需要创建初始化内容。首先，运营人员需要确定平台基调，即该平台能够为用户提供怎样的价值。例如，豆瓣是文艺青年讨论电影、书籍的平台，网易云音乐是小众音乐爱好者的聚集地等。

其次，运营人员需要收集内容和用户数据，例如，平台阅读量、点赞数较高的内容，用户调研问卷，同类型平台的主要内容等。通过调查和分析了解目标用户的兴趣和需求，确定发布哪些初始化内容。

再次，运营人员需要搜集相关资料，提炼优质内容并进行二次创作。

最后，运营人员通过后台账号发布内容，初步构建平台内容生态。

2. 邀请用户加入平台

在 UGC 平台发展早期，运营人员需要主动邀请用户加入平台、发布内容。在用户的选择上，运营人员可挖掘两类用户。一类是在平台涉及的内容领域中较为知名、权威、令人印象深刻的用户。例如，新浪微博在发展早期邀请明星注册微博账号，进而吸引粉丝跟风加入。

另一类是认同平台价值的用户。这类用户的名气可能不是很大，但他们在平台上的活跃度较高，发布的内容足够吸引人。运营人员需要花费时间和

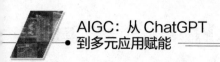

他们进行一对一沟通，同时给予他们一定的资金或流量支持。

3. 构建激励机制

在获取第一批优质内容创作者后，运营人员需要持续关注他们发布的内容，通过回复、点赞等方式与创作者保持积极互动，让他们感受到平台对其的重视与肯定，进而提升他们对平台的忠诚度。在积累了一定量的内容创作者后，运营人员需要构建有效的激励机制，刺激高质量创作者积极发帖，将其培养成优质用户。

随着 UGC 平台日渐成熟，越来越多的用户加入平台，平台的优劣势也更加明显。UGC 平台的优势在于，创作内容源源不断、丰富多样，且通俗易懂、趣味性强，能够吸引更多用户加入平台，增加流量；劣势在于，创作者水平参差不齐，如果平台没有严格的审核机制，那么低俗、没有营养的内容会充斥整个平台，甚至出现版权被侵犯、隐私泄露等问题，进而引发一系列法律纠纷。

4.1.3 AIGC：AI 成为内容输出的重要手段

AIGC 是在 AI 技术蓬勃发展中应运而生的新型内容生产方式。它利用 AI 领域的各种技术创作内容，主要应用包括 AI 写作、AI 绘画、AI 作曲等。

AIGC 的优势有很多，具体如下所述。

（1）AIGC 具备深度学习能力和人工神经网络技术，能够在短时间内自动生成内容。用户只需要明确内容格式、核心思想，并向 AI 工具发出指令即可。对于大部分企业来说，AIGC 能够代替员工处理大量重复性、流程性工作，减轻员工工作负担，节约人力成本。

（2）AIGC 能够收集用户数据，分析用户习惯和阅读偏好，进而为用户定制个性化的内容，提升用户满意度。

（3）AIGC 通过规模庞大的训练数据集总结数据分布形式，进而生成新的数据。对于对创意要求较高的企业和工作者来说，AIGC 能够辅助其创作，为其收集大量素材，提供更丰富的灵感。

然而，AIGC 还不成熟，其劣势也显而易见。

（1）"幻觉"现象是 AI 领域尚未被完全解决的一大难题，这意味着 AIGC 生成的内容在真实性上不够稳定，可能会产生看似正确、实则误导性极强的内容，不利于各行业工作者学习知识和开展工作。

（2）AIGC 是在大量已有知识的基础上进行内容再生，有可能侵犯他人隐私权和知识产权，进而引发法律纠纷。

（3）随着 AI 开源社区的不断发展，AIGC 有可能被不法分子利用，生成反社会、反伦理等的不良内容，污染网络环境，催生谣言，对社会发展造成不利影响。

AIGC 的发展是大势所趋。从用户层面来说，用户需要了解 AIGC 的发展现状，明确其优点和局限性，不能盲目依赖 AIGC，而是要对其持辩证态度，谨慎看待其生成的内容。从平台层面来说，各平台，尤其是开源社区需要加大对 AIGC 内容的审核力度，实时监控社区内容的发布情况，同时加大研发力度，逐步优化 AIGC 性能。

从政府层面来说，各级政府需要制定相关监管政策，建立问责机制，保障 AIGC 内容可视化与可追溯。同时，政府需要加大资金投入，支持各机构加快研发 AI 工具，以解决版权被侵犯、伦理争议等问题。

4.2 AIGC 爆发，实现多模态内容生成 ●●●

多模态指的是多种模态的信息，包括音频、视频、文本等。AIGC 技术与多模态相结合，能够生成多样化的内容，为用户带来更丰富的体验。AIGC 能够生成的内容包括文本、音频、图像、视频、游戏、3D 内容、虚拟人物等，覆盖了用户生活的很多方面。

4.2.1 文本内容：助力文本创作与内容营销

文本内容生成是 AIGC 的一个重要应用领域。AIGC 基于强大的人工智能生成技术，能够实现多种文本内容的生成，如对话生成、文章摘要生成等，还能实现机器写作，有效助力文本创作和内容营销。

1. 对话生成

AIGC 可以实现对话智能生成，这方面的应用包括聊天机器人、智能客服等。例如，微软曾经推出一款智能虚拟助手——微软小冰，它能够与用户对话。还有一些企业推出对话机器人，将其应用于客服、营销等环节，赋能对话全流程，更好地实现降本增效。

2. 文章摘要

AIGC 可以实现对文章内容的分析、整理，在此基础上，AIGC 应用可以对文本进行理解和分析，然后生成文章摘要。这有利于节约用户的时间，提高用户的工作效率。

AIGC 应用还可以根据文本的主题与关键词，生成能够概括文章内容的摘要，提高用户的阅读效率。这意味着，在收集素材时，用户可以借助 AIGC 应用分析海量参考资料的内容，从中寻找满足自己需要的关键资料。

3. 机器写作

AIGC 能够实现机器写作，常用于新闻资讯撰写、小说创作等领域，由此衍生出一些与机器写作相关的 AIGC 应用，如智能写稿机器人、小说续写机器人等。这些 AIGC 应用进行机器写作时需要经过 3 个步骤，分别是获取信息、加工信息和输出信息。

在获取信息阶段，用户需要分辨、判断 AIGC 应用输出的信息，筛选出符合创作要求的内容；在加工信息阶段，用户需要提出自己的细化要求，使 AIGC 应用进一步完善文章内容；在输出信息阶段，用户可以获得一份经过反复迭代的稿件。

除了以上应用场景，在文本内容生成方面，AIGC 应用展现出很高的智能性。它不仅能够从知识库中寻找答案，还能够对知识库中的知识进行学习，形成强大的智能，实现复杂文本内容的生成，如生成营销方案。

用户可以在 AIGC 应用中输入自己的需求，如"生成一个化妆品品牌的七夕营销方案"，AIGC 应用就会生成相应的营销方案。在这个过程中，AIGC 应用会依据各种数据，对目标受众、竞争对手、市场趋势等进行分析和预测，进而生成有针对性、科学的营销方案。

同时，在生成营销方案的过程中，用户可以向 AIGC 应用提出各种微小、个性化需求，实现方案的进一步完善。用户也可以在输出的营销方案的基础上进一步优化，形成最终方案。这大幅提升了营销方案制定的效率。

AIGC 技术在文本内容生成领域的应用场景广泛，发展前景十分广阔。AIGC 生成文本内容代替了大量文字创作领域的重复性劳动，帮助用户更好地与 AI 互动。未来，AIGC 有望成为文本内容创作的主体，帮助用户在创作方面节省大量的时间和精力。

4.2.2　音频内容：生成背景音乐与专业歌曲

AI 生成音频是 AIGC 技术的一项重要应用，指的是 AI 通过对大量音频数据的学习，从而生成相应的音频内容。AI 生成音频技术可以应用于多个领域，包括语音助手、配音等，能够有效提高工作效率。目前，AI 生成音频主要是生成背景音乐与专业歌曲。

例如，Stable Audio 是一款音频生成式 AI 产品。用户根据文本提示输入关键词便可生成不同类型的背景音乐，如民谣、摇滚、爵士、电子等。

Stable Audio 有两个版本：一个是付费版本，另一个是免费版本。用户使用免费版本每月最多可以生成 20 首背景音乐，每首时长不超过 45 秒且不能商用；用户使用付费版本每月最多可以生成 500 首音乐，每首时长不超过 90 秒，能商用。

在生成专业歌曲方面，网易推出了 AI 音乐创作平台"网易天音"。用户使用网易天音时，无须了解乐理知识，便可一键上手。用户只需要输入创意灵感，AI 便可完成词、曲创作。

网易天音主要有四个功能：一是编曲，AI 能够快速编曲，包含流行、古

上篇

中篇

下篇

典等多种风格；二是作词，AI 能够根据用户输入的主题输出相关歌词；三是一键生成 DEMO（demonstration，录音样带），仅需几秒便能完成词、曲创作和演唱；四是能够实现歌声合成。软件内配备了多个 AI 歌手，能够唱出酷似真人的歌声。

总之，AI 生成音频能够降低音乐创作门槛，为用户带来更多便利。目前，ChatGPT 正在不断更新中，能够实现对文本、音频等多模态内容的理解和生成。许多企业也在极力探索，为用户带来更多实用功能。

4.2.3 图像内容：体现超强图像设计能力

如今，在各个平台，AI 生成图像的帖子呈现井喷式增长。许多没有作图、绘画技能的用户能够借助 AIGC 技术获得优质的图像。许多 AI 生成图像软件的兴起将 AI 技术带到了用户的生活中，用户只需要打开 APP 或浏览器便可进行创作。

例如，Midjourney 是一款 AI 生成图片软件，诞生于一个自筹资金的独立研究实验室，在智能生成图片领域有很高的热度。Midjourney 不断更新，其 V5 版本解决了一项技术难题并实现了跨越性的突破。

让 AI 画出逼真的人类手部并不是一件容易的事情。在 AI 的训练数据中，手部往往不是重点，且人类手部的形态比较多，包括握手、鼓掌、并拢等，给 AI 的学习造成了很大的困难。

即便对于人类画师来说，手部形态复杂、细节众多，画手也是十分困难的。因此，精细化地画手是一项困难挑战。在 Midjourney 推出 V5 版本之前，AI 生成图像工具都无法很好地完成手部绘画。而 Midjourney V5 版本完美地解

决了这个问题，能够生成丰富的手部细节，甚至能够还原光影中的手指纹路。

此外，Midjourney V5 版还能够生成照片级的图片。在推出 V5 版本之前，Midjourney 生成的图像主要是卡通或超现实风格，而 V5 版本丰富了风格，可以生成油画、抽象等风格的图像，且更加逼真。

总之，从技术角度来看，AI 生成图像领域已经取得了很大的进步。但是我们在使用这些软件时也应该保持警惕，避免生成有害图片扰乱社会秩序。

4.2.4　视频内容：实现视频智能创作与剪辑

视频创作往往十分复杂，涉及视频脚本创作、视频拍摄、视频剪辑等，对用户的专业能力有较高的要求。而 AIGC 技术为用户带来了丰富的智能工具，为用户创作视频提供助力。

当前，市场中已经出现了一些短视频制作工具，例如，可以根据用户输入的文字或者词语生成短视频的 Runway。Runway 利用其 Gen-2 大模型，是目前从文字到视频领域的佼佼者。用户可以通过精细的提示词，对整个画面的元素进行细微控制，从而达到相当惊人的视频效果。当然现在 AI 视频领域，更贴近现实场景是较难解决的问题，Runway 也不例外，但在某些特定的风格上，如黏土动画，或者科幻电影等方面，Runway 的表现是极其惊人的。

再如，能够一键生成短视频的平台工具 QuickVid。QuickVid 能够编写短视频脚本。同时 QuickVid 利用 DALL-E 2 文本生成图像、Google Cloud 文本生成语言的功能，可以为视频增加图片与字幕，并借助 YouTube 上的免版税音乐库为短视频匹配合适的背景音乐。再如，最新发布的 PIKA 1.0，是一个使用门槛更低的 Runway，只需要输入几个词汇就可以生成一段非常惊艳的视频。

在数字人视频生成方面，商汤科技推出了"日日新 SenseNova"大模型体系，并基于该大模型体系推出了"商汤如影 SenseAvatar"AI 数字人视频生成平台。该平台使用了多种技术，包括 AI 文生图、大语言模型、数字人视频生成算法等，能够实现高效、快速的数字人视频内容创作。

"商汤如影 SenseAvatar"能够帮助企业与个人进行短视频与直播内容创作，有利于吸引用户和增强用户黏性。"商汤如影 SenseAvatar"操作简便，如果用户想要生成数字人，只需要在平台上录入真人素材，便能够生成对应的数字人，有效提升视频制作效率。

利用 AIGC 技术生成视频的优势明显，在拥有高效率的同时可以节约成本与时间。对于需要大批量产出内容的短视频从业者来说，以 ChatGPT 为代表的 AIGC 应用是其不二之选。

4.2.5　游戏内容：多重游戏内容创作

AIGC 在游戏领域也具有巨大的应用价值，例如，可以自动生成游戏剧情、游戏道具、游戏地图等多种游戏内容，甚至能够根据用户的需求打造出新的游戏。

游戏开发商可以借助 AIGC 技术进行游戏制作，包括文字冒险类、角色扮演类和推理类游戏等。具有游戏内容生成与游戏开发功能的 AIGC 应用可以自动生成文本并与玩家交互，通过玩家的指令或者选择推动情节发展。

根据玩家选择的不同，AIGC 应用生成的游戏结局也不同，增强了游戏的可玩性。作为一种创新的游戏内容生成方式，AIGC 可以给玩家带来更加新奇的体验。

当前，玩家已经可以通过 ChatGPT 生成文字版本的游戏。推特上一名宝可梦玩家利用 ChatGPT 生成了一版文字形式的《宝可梦 绿宝石》游戏。ChatGPT 还原了游戏中的许多细节，如让玩家选择相关的道具、进行对抗战斗、进行策略选择等。

经过调试，ChatGPT 能够理解游戏中的规则与机制，并进行还原。例如，ChatGPT 可以模拟出不同属性的宝可梦之间的克制关系，显示出正确的攻击伤害。再如，在玩家刚加入游戏时，一些地图没有解锁，玩家需要完成相关任务才可以解锁地图进入探索。ChatGPT 模拟了游戏的这一机制，可以拒绝玩家不合理的进入请求。

这一尝试展示了 AIGC 在游戏创作方面的潜力。未来，随着 AIGC 的发展，其帮助游戏开发者设计全新的游戏将成为现实。

AIGC 技术还可以应用于游戏场景打造，例如，腾讯 AI Lab 在 3D 游戏场景生成方面持续探索，并提供了解决方案，能够辅助游戏开发者在短时间内打造出虚拟城市场景，提高游戏开发效率。

虚拟城市场景的建造重点在于 3 个方面，分别是城市结构、建筑外表和室内映射生成。为了使城市结构、场景更加逼真，腾讯 AI Lab 让 AI 学习卫星图、航拍图等，使 AI 了解现实世界中城市的道路布局，从而生成更加逼真的画面。

AI 能够实现道路布局的智能化生成。开发者只需要描绘出城市的主干道，AI 便会根据开发者的图片进行自动填充，生成完整的道路结构。此外，开发者还可以修改参数，以便生成理想中的虚拟城市。

在建筑外表生成方面，过去，设计师以照片作为参考进行手工设计。这种方式耗时耗力，往往一个游戏内只有少量特色建筑。腾讯 AI Lab 研发出将 2D 照片转化为 3D 模型的技术，提高了建筑的设计速度，使游戏中拥有更多多样化的建筑。腾讯强大的游戏场景生成能力提高了游戏场景和建筑外观的丰富度。

剧情是游戏的核心，也是吸引用户的关键。游戏策划者在设计剧情时，需要让用户获得沉浸感，这需要策划者付出大量的精力。AIGC 能够实现文案生成，帮助策划者分担工作，使策划者将精力放在剧情设计上，提高游戏质量。

例如，游戏发行商育碧发布了一款文案生成工具 Ghostwriter。策划者需要创造游戏角色时，只需在 Ghostwriter 中输入角色的性格、经历的事件、输出与输入方式，Ghostwriter 便会生成人物对白。策划者可以对 Ghostwriter 生成的对白进行优化，提高游戏剧情创作效率。

AIGC 在游戏领域具有巨大的潜力，可以在降低游戏开发成本的同时，提高用户的游戏沉浸感。随着 AIGC 技术的不断发展，其在游戏领域将会得到更加广泛的应用。

4.2.6　3D 内容：3D 场景与 3D 建模创作

AIGC 在 3D 内容生成领域也展示出巨大的应用潜力。AIGC 可以实现 3D 场景搭建、3D 建模，优化场景与产品的设计流程。

以工业场景为例，在生产制造场景中，AIGC 可以助力工业 3D 生成，智能生成工业模型。这能够减轻工程师 3D 建模的负担，提升建模效率。具体而言，AIGC 能够为工程师提供以下帮助，如图 4-2 所示。

图 4-2 AIGC 能够为工程师提供的帮助

（1）提高设计效率。工程师可以在 AIGC 应用中输入设计草图，生成 3D 模型，或以文本的方式描述对 3D 模型细节的各种要求。AIGC 应用能够根据草图或文本信息，生成符合工程师要求的高质量 3D 模型。

（2）提高质量。AIGC 应用能够根据工程师提出的细节要求对 3D 模型进行优化，完善 3D 模型的质感、纹理等细节，提高 3D 模型的质量。

（3）创意辅助。AIGC 应用能够根据工程师的初步想法生成多种方案，为工程师提供创意辅助，便于工程师获得灵感。

当前，市场中可实现 3D 内容生成的 AIGC 应用已现雏形，为工业 3D 生成奠定了基础。例如，北京智源人工智能研究院（以下简称"智源研究院"）与复旦大学联合推出形状生成大模型——"Argus-3D"。Argus-3D 可以通过图片、文字等信息，生成多样化的 3D 模型，如椅子、汽车等，并且可以展现不同的纹理与颜色，提升工业领域的 3D 建模效率。

通过增加模型参数，Argus-3D 的性能得到了增强。其优势主要体现在以下几个方面，如图 4-3 所示。

1. 多样性生成，体现细节

在生成内容多样性方面，Argus-3D 可生成丰富的物体形状。Argus-3D 具有优秀的生成质量表现，尤其是能够表现出精确的结构和丰富的细节，满足多样化的任务需求。Argus-3D 能够生成结构完整、轮廓流畅的 3D 模型。以椅子为例，Argus-3D 生成的椅子具有精细的结构，拐角转折关系清晰、合理，能够清晰展现出椅子的材质。

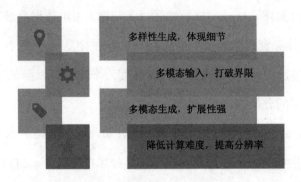

图 4-3 Argus-3D 的优势

2. 多模态输入，打破界限

Argus-3D 能够根据文本、图像、类别标签等多模态信息生成 3D 模型。这打破了输入源的限制，支持多模态输入，能够为用户提供更多便利，用户可以自由选择输入方式。同时，Argus-3D 能够根据多模态信息，获得完整的用户信息，精准识别用户需求，进而生成符合用户需求的 3D 模型。

3. 多模态生成，扩展性强

基于 Transformer 架构，Argus-3D 能够实现多模态生成。以往，3D 模型往往基于扩散模型构建，在生成模型的分辨率上存在缺陷，难以生成具有高分辨率的模型。而 Transformer 架构能够提升大模型的性能，使大模型具备更强的 3D 模型生成能力。基于 Transformer 架构，Argus-3D 具备更强的可扩展性，能够生成更加复杂的 3D 模型。

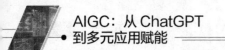
4. 降低计算难度，提高分辨率

3D 内容生成模型往往存在分辨率较低的问题，缺乏细节、缺乏纹理会影响 3D 模型的真实感。Argus-3D 解决了以上问题。三维数据分辨率越高，需要的存储资源和计算资源就越多。Argus-3D 的研发团队通过 3 个正交投影的平面表示模型的特征，将复杂的立方计算转变为平方计算，降低了计算难度，提高了 3D 模型的分辨率。

未来，Argus-3D 将在技术迭代下不断升级，同时市场中也会出现更多可实现 3D 内容生成的 AIGC 应用。在 AIGC 技术的支持下，3D 内容生成将变得更加智能。用户只需要执行必要的操作步骤，就可以基于 AIGC 应用快速生成高质量的 3D 模型。

4.2.7　虚拟人物生成：实现虚拟数字人智能驱动

打造虚拟数字人往往需要强大的技术与资金支持，市场中的虚拟数字人背后的企业往往是虚拟数字人领域的重要玩家。而在 AIGC 技术的助力下，虚拟数字人生成变得更加容易。

2023 年 7 月，"华为开发者大会"成功召开。基于"盘古"大模型，华为云推出了虚拟数字人模型生成服务和模型驱动服务，为虚拟数字人技术赋能，让更多用户打造虚拟数字人成为现实。

基于"盘古"大模型、渲染引擎、实时音视频等技术，华为云打造了虚拟数字人通用大模型，可以实现虚拟数字人形象、动作、表情、声音等多模态生成。用户可以基于个人数据进行训练，打造个性化的虚拟数字人大模型。生成虚拟数字人后，用户可以基于虚拟数字人生成高清视频。

该大模型支持用户以多种形式生成虚拟数字人，具体形式有以下几种。

（1）文本生成虚拟数字人。用户可以输入文本，描述虚拟数字人的外表和性格特征，进而生成虚拟数字人。

（2）图片生成虚拟数字人。用户只需上传一张图片，大模型就能够根据图片中的人物特征生成虚拟数字人。

（3）视频生成虚拟数字人。用户只需要上传一段 5 分钟左右的视频，大模型便能够根据视频生成虚拟数字人，同时能够展现出用户的表情、动作等特征。

生成个性化的虚拟数字人后，用户可以对其进行二次编辑，调整虚拟数字人的发型、服装等，让虚拟数字人更具个性化特点。

此外，在虚拟数字人驱动方面，华为云模型驱动服务可以实现多模态的数字人实时驱动，例如，实现虚拟数字人走姿、手势等的精准驱动。这种多模态实时驱动服务可以应用到直播、线上会议等诸多场景中。

例如，出于不愿暴露隐私、面对镜头不自然等原因，一些人不愿意参加视频会议。而使用虚拟数字人参加视频会议则能够解决以上问题。虚拟数字人的形象既能够体现参会者形象，又能够保护参会者隐私。同时，虚拟数字人参加会议也能够保证视频流畅，带给用户优质的线上会议体验。

基于 AIGC 技术的赋能，每个用户都可以借助 AIGC 应用的虚拟数字人开发能力，打造个性化的虚拟数字人，并应用到多种场景中，获得多样化、贴心的服务。

上篇

中篇

下篇

05

第5章

核心技术：拆解 AIGC 的技术支柱

　　AIGC 能够通过学习大量数据生成全新的数据，背后离不开核心技术的支持。AIGC 的核心技术包括自然语言处理技术、预训练大模型和多模态交互技术等。它们彼此促进、相互融合，给用户的生活带来变革。

5.1　自然语言处理：实现 AIGC 突破的关键技术

自然语言处理技术是 AIGC 实现突破的关键，其使用户能够通过自然语言与计算机交流，实现人机交互。在自然语言处理技术的支持下，AI 与用户的交流更加顺畅、便捷。

5.1.1　神经机器翻译：机器翻译的主流技术

神经机器翻译是当前机器翻译的主流技术之一，可以通过人工神经网络对单词序列做出预测，在集成模型中对整个句子进行建模。它在翻译语句时体现了对人脑翻译过程的模拟，即在接收内容后，首先形成对这句话的理解，再根据理解将语句以另一种语言表达出来。

神经机器翻译主要经历两个过程，分别是编码和解码。编码指的是将输入的源语言文本转换成特定的信号；解码指的是机器破解特定信号的含义，并根据语义分析的结果逐词生成目标语言。

近几年，神经机器翻译获得了迅猛发展，并逐渐取代传统的统计机器翻译，成为机器翻译领域的主流技术。神经机器翻译不仅可以完成许多统计机器翻译难以完成的任务，而且给出的答案与标准答案十分相近，性能上远超统计机器翻译。

神经机器翻译具有许多优点，例如，可以在训练期间对参数进行修复；对汉语、日语等语法复杂的语言也能够进行高效翻译；能够在翻译时考虑整个句子的意思。

神经机器翻译应用于许多领域，带来了许多便利。在电子商务领域，神经机器翻译可以用于快速响应全球客户的需求；在旅游行业，神经机器翻译可以辅助服务提供商为客户提供优质的服务；对于一些语言学习者，神经机器翻译可以帮助他们优化学习计划，提高对话效率。

为了使神经机器翻译能够进一步为用户提供服务，许多研究者对神经机器翻译进行了深入研究，致力于提升它的编码与解码能力。未来，神经机器翻译将会给用户带来更多惊喜。

5.1.2　智能交互：提升理解与对话能力

智能交互指的是人机可以通过自然语言实现流畅的交流。处理人类语言和实现人机交互是自然语言处理技术的重要功能。自然语言处理技术可以将人类语言转化为计算机可以理解并处理的形式，使计算机可以自然地与用户交互，开启了智能人机交互的大门。

在智能人机交互方面，有一个重要的概念是"对话即平台"，这一概念由微软提出。微软提出"对话即平台"概念，主要有两个原因：一是用户已经养成了在社交平台进行对话的习惯，用户在社交平台交流的过程会呈现在人机互动中，而语音交流的背后是与平台对话；二是智能设备逐步走向便携、小巧，不便于人们进行文字交互，而语音交互更加自然和直观。基于这两个原因，人机互动朝着对话式的自然语言交流发展。

许多企业研发了人机交互系统，例如，微软推出 AI 助理"小娜"。用户可以通过接入手机等智能设备，与电脑交流。用户可以对"小娜"发出指令，"小娜"将会对其指令进行理解并执行。"小娜"不是与用户进行机械性的问答，而是根据用户的性格特点、使用习惯等为用户提供智能化、个性化的服务。此外，微软还推出聊天机器人"小冰"，主要负责与用户聊天。

以"小娜""小冰"为代表的 AI 机器人背后的处理引擎主要包括 3 个层面的技术。第一个层面是通用聊天。AI 机器人能够存储通用聊天数据和主题聊天数据，掌握一定的沟通技巧，拥有全面的用户画像，能够满足不同用户群体的需求。

第二个层面是信息服务与问答。AI 机器人具备搜索数据、进行对话的能力，能够对常见问题进行收集、整理，并从数据中找出相应的信息进行回答。

第三个层面是面向特定任务的对话能力。例如，用户询问日期、希望 AI 帮忙买咖啡等任务都是固定的，AI 可以借助设定好的规则逐步实现。这一层面需要领域知识、对话图谱等的支持。

人机交互能够实现用户与智能机器人的自然交流，使智能机器人更好地理解用户的意图，为用户带来更好的体验。

5.1.3　阅读理解：实现准确内容理解与分析

阅读理解技术是自然语言处理技术的重要组成部分，一经推出便引起了许多研究者的关注，引发了研究热潮。从一开始 AI 与人的标注水平相差甚远，到微软、阿里巴巴等知名企业的系统超过人工标注的水平，显示了国内研究者在自然语言处理领域取得的巨大成就。

AI 进行阅读理解的流程是：首先，借助循环神经网络理解各个词语的含义；其次，理解各个句子的含义；再次，借助特定的路径锁定潜在答案；最后，在潜在答案中筛选出最佳答案。AI 进行阅读理解时可以引入外部知识，以大幅提高阅读理解能力。

阅读理解技术可以从两个方面为用户提供帮助。

1. 与用户交互，满足用户需求

用户在阅读各类产品的使用手册时，往往会被大段的文字所困扰，无法精准解读其中的信息。然而有了阅读理解技术，一切困难都能迎刃而解。例如，在客服场景中，阅读理解技术可以对产品使用手册进行深入解读，帮助客服人员解答用户的问题。

在搜索场景中，阅读理解技术可以针对用户的问题为用户提供更加精准的答案。微软的必应搜索引擎和个人 AI 助理"小娜"便使用了这一技术。

在办公领域，阅读理解技术可以用于阅读个人邮件或文档，用户输入相关文字便可查看对应信息。

2. 从技术变为助手，融入用户生活

阅读理解技术可以应用于垂直领域。例如，在教育领域，该项技术可以用来出题；在法律领域，该项技术可以用于理解法律条文；在医疗领域，该项技术可以用于理解医疗信息，解答病人的问题等。

总之，阅读理解技术十分重要，具有广阔的应用前景。在未来，AI 将会更加智能，成为人类的好帮手，帮助人类解决困难。

5.2　预训练大模型：AIGC 应用能力的来源

预训练大模型指的是基于许多未经标注、无标签的数据，以无监督的方式进行训练的模型。预训练大模型是 AIGC 应用的能力来源，确保 AIGC 应用能够生成各种内容。

5.2.1　预训练+微调，助力 AIGC 应用落地

上篇
中篇
下篇

预训练大模型通常具备强大的通用能力，可以实现多样化内容的智能生成。这是 AIGC 应用落地的核心能力支撑。

由于大模型能力的限制，其往往难以完成细分领域的专业性任务，这也对 AIGC 应用的落地造成了阻碍。"预训练+微调"的模式则可以解决以上问题，助力 AIGC 应用顺利落地。

大模型的无监督训练模式使得其可以获得大规模无标注数据用于训练，大幅提升训练效率。同时，超大参数量也提升了模型的表达能力，使大模型可以基于训练数据中的通用知识建模。具有通用性的大模型，只需在不同的任务场景中做出适当微调，就能有亮眼的表现。

以 GPT-4 大模型为例，其能力来源于大规模预训练和指令微调。GPT-4 所具备的语言生成、语义理解和推理等能力，都源于大规模的预训练。通过

对海量数据的深度学习，GPT-4 大模型在多个方面具备通用能力。

而通过指令微调，GPT-4 大模型拥有面向细分领域的能力，能够泛化到更多任务中，进行更加专业的知识问答。同时，基于 RLHF 技术，GPT-4 具备和人类"对齐"的能力，能够根据用户的提问给出翔实、客观的回答，拒绝回答不当和超出其知识范畴的问题。

海量数据的预训练是大模型运转的基础。参数量庞大的大模型需要海量、广覆盖的高质量数据。数据的规模和质量深刻影响着大模型的性能，大模型研发企业往往通过大量的数据训练来提升模型的性能。

适当的微调也十分重要。在预训练大模型具备了强大的基础能力之后，适当的微调能够赋予模型在某一领域的专业能力，使大模型能够满足细分领域的需求。

模型调整的方法很多，以 ChatGPT 的训练为例，基础模型的微调分为 3 个步骤：一是通过人工标注好的数据进行模型训练；二是基于用户对模型生成答案的排序设计一个 RM（Reward Model，奖励模型）；三是通过奖励模型进一步训练 ChatGPT，实现 ChatGPT 的自我学习。科学的奖励模型可以引导大模型生成正确回答，提升内容输出的准确性。因此，模型微调对提升大模型生成内容的准确性具有重要意义。

2023 年 2 月，Meta 推出一款开源大语言模型——LLaMA。自发布后，基于 LLaMA 模型微调而产生的模型相继出现。2023 年 4 月，哈尔滨工业大学的一个研发团队发布了对 LLaMA 模型微调之后的针对医学领域的新模型——Hua Tuo。Hua Tuo 在智能问诊方面表现出色，可生成一些可靠的医学知识。

以 LLaMA 为基础模型，为了保证模型回答问题的准确性，研发团队从

CMeKG（Chinese Medical Knowledge Graph，中文医学知识图谱）中提取诸多医学知识，生成多样化的指令数据，对模型进行监督微调，最终打造出针对医学领域的新模型 Hua Tuo。

以上案例体现了模型微调的必要性。以大模型为基础模型，利用特定领域的专业数据进行训练，对大模型进行微调，可以得到面向细分领域的新模型。基于大模型能力的细化，AIGC 应用能够具备更加细化的功能，在更多细分领域顺利落地。

5.2.2　预训练大模型产品涌现

作为 AIGC 应用的核心技术支撑，预训练大模型得到了很多企业的关注。很多企业和机构发布了自己的预训练大模型产品，为各行业、各企业提供 AIGC 应用解决方案。

1. 华为发布"盘古"大模型

2023 年 4 月，华为在"人工智能大模型技术高峰论坛"上介绍了"盘古"大模型的研发情况。华为"盘古"大模型是 AI 领域首个具有 2 000 亿个参数的中文预训练模型，学习的中文文本数据高达 40 TB，十分接近人类的中文理解能力。华为"盘古"大模型在语言理解和生成方面遥遥领先，在权威的中文语言理解评测中，获得了三项第一且刷新了世界纪录。

华为"盘古"大模型的应用场景广泛，可以扮演不同的角色，例如，既可以担任智能客服解答问题，又能够作为写作工具进行智能写作。华为"盘古"大模型可以根据用户的问题以及上下文生成准确的回答，还可以根据用

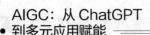

户的搜索偏好，为他们提供个性化、多样化的搜索结果。

2. 中国科学院自动化研究所发布"紫东太初"全模态大模型

除科技巨头外，科研院所也是大模型领域的重要玩家。其中，中国科学院自动化研究所在大模型领域取得了突出成就。2023 年 6 月，在"人工智能框架生态峰会"上，中国科学院自动化研究所发布了"紫东太初"全模态大模型。

"紫东太初"全模态大模型是多模态大模型"紫东太初 1.0"的升级版。"紫东太初"大模型在研发之初就以多模态技术为核心，通过文字、图像、语音等多种数据进行跨模态学习，实现了三种模态数据之间的相互生成。

而在初代版本的基础上，2.0 版本的"紫东太初"全模态大模型融入了视频、传感信号等更多模态的数据，实现了技术突破，具备全模态理解、生成、关联等能力。它可以理解三维场景、传感信号等信息，能够满足音乐视频分析、三维导航等多模态关联应用需求，并可实现视频、音乐等多模态内容理解和生成。

依托中国科学院自动化研究所自主研发的算法、昇腾 AI 硬件、昇思 MindSpore AI 框架、武汉人工智能计算中心等多方面的支持，"紫东太初"全模态大模型具备强大的通用能力，促进了通用大模型的发展。

未来，"紫东太初"全模态大模型将深化在手术导航、内容审核、法律咨询、交通违规图像研读等领域的应用，并不断向新领域渗透。

在科技企业和机构的努力探索下，预训练大模型爆发，为 AIGC 技术和产业的发展做出贡献。未来，预训练大模型将在多个领域发挥作用，推动人工智能领域实现全方位变革。

5.3 多模态交互：全方位交互，互动更自然 ●●●

多模态交互指的是通过语言、文字、动作等方式进行人机交互，充分模拟人与人之间的交往方式。在多模态交互技术的支持下，AI 与人能够实现全方位交互，与用户的互动更加自然。

5.3.1 多模态交互的诸多探索

多模态交互技术是 AIGC 应用智能交互能力的来源，实现了文字、语音、视觉、动作 4 个方面的感官交互，使得用户与计算机的交互从单模态走向多模态，为 AIGC 智能创作赋能。

在我们的日常生活中，常见的两种模态是文字与视觉。视觉模型可以为 AI 提供强大的环境感知能力，文字模型使得 AI 具有认知能力。如果 AIGC 仅能生成单模态内容，会对 AIGC 应用场景的拓展、内容生产方式的革新造成阻碍。由此，多模态应运而生。多模态能够处理多种数据，为人机交互提供动力。

多模态大模型拥有两种能力：一种是寻找不同模态数据之间的内在关系，例如，将一段文字与图片联系起来；另一种是实现数据在不同模态间的相互转换，例如，根据动作生成对应的图片。

　　多模态大模型的工作原理是将不同模态的数据放到相似或相同的语义空间中，通过不同模态之间的理解寻找不同模态数据的对应关系。例如，在网页中搜索图片需要输入与之相关的文字。

　　多模态交互在人机交互中实现了广泛应用。人工智能的发展使得服务机器人逐步走近用户，在商场、餐厅、酒店等一些场景中，都能看到服务机器人忙碌的身影。但是，大多数服务机器人不够智能，仅能如同平板电脑一般在用户发出需求后响应，无法主动为用户提供服务。

　　在推动服务机器人智能化、人性化的需求下，百度率先对小度机器人进行了技术革新。百度借助多模态交互技术，使得小度机器人能够快速理解当前场景，理解用户的意图，主动和用户互动。

　　虽然让机器人拥有主动互动能力并不是一项全新的技术创举，但相较于以往的互动模式，机器人的互动能力有了很大提升。百度自主研制了人机主动交互系统，设计了上千个模态动作，在观察服务场景后，小度机器人能够提供主动迎宾、引领讲解、问答咨询、互动娱乐等服务，推动了机器人行业和 AI 行业的发展。

　　多模态大模型能够帮助 AI 进行多种交互，是 AI 迈向通用人工智能的重要步骤。未来，AI 能够借助多模态大模型，拥有更多认知，帮助人类解决更多难题。

5.3.2　多模态大模型走向开源

　　随着多模态交互技术的发展，多模态大模型成为大模型发展的主流。为了实现多模态大模型在更多领域的落地，开源成为必然选择。在这一潮流下，一些企业和机构推出自己的开源版本的多模态大模型。

1. 商汤科技：开源多模态大模型"书生 2.5"

2023 年 3 月，商汤科技发布多模态通用大模型"书生 2.5"，在多模态任务处理方面实现了突破。其强大的跨模态开放任务处理能力能够为自动驾驶、机器人等场景的任务提供感知和理解能力。

"书生"大模型初代版本由商汤科技携手上海人工智能实验室、清华大学等于 2021 年发布。此次推出的升级版"书生 2.5"为多模态多任务通用模型，可接收不同模态的数据，并通过统一的模型架构处理不同的任务，实现不同模态和不同任务之间的协作。

"书生 2.5"具备文生图的能力，可以根据用户需求生成高质量的写实图像。这一能力可以助力自动驾驶技术研发，通过生成丰富、真实的交通场景和真实的训练数据，提升自动驾驶系统在不同场景的感知能力。

"书生 2.5"还可根据文本检索视觉内容。例如，其可在相册中找到文本所指定的相关图像；可以在视频中检索出与文本描述契合度最高的帧，提高检索效率。此外，"书生 2.5"还支持引入物体检测框，从图像或视频中找到相关物体，实现物体检测。

除在跨模态领域具有出色表现之外，"书生 2.5"也实现了开源。其已在开源平台 OpenGVLab 开源，为开发者开发多模态通用模型提供支持。未来，"书生 2.5"将持续自我学习和迭代，实现技术突破。

2. 智源研究院：以"悟道 3.0"探索多模态开源大模型

智源研究院也是布局多模态开源大模型的先锋之一。2021 年，智源研究

上篇

中篇

下篇

院发布了大模型"悟道 1.0"和"悟道 2.0"，虽然当时大模型的应用场景和具体产品还不明确，但智源研究院已经开始构建大模型基础设施。

作为在大模型领域布局较早的科研院所，在推出初代大模型后，智源研究院积极推动大模型迭代。在 2023 年 6 月召开的"北京智源大会"上，智源研究院发布了新一代大模型"悟道 3.0"。

"悟道 3.0"呈现出多模态、开源的特点。其包括"悟道·天鹰"语言大模型系列、"悟道·视界"视觉大模型系列，以及丰富的多模态模型成果。这些成果也实现了开源。

其中，"悟道·天鹰"语言大模型系列能够调用其他模型。用户给出一个文生图的指令，"悟道·天鹰"语言大模型系列能够通过调用智源开源的多语言文图生成模型，准确、高效地完成文生图任务。

"悟道·视界"视觉大模型系列包括多模态大模型 Emu、通用视觉模型 Painter 等。其中，多模态大模型 Emu 可接收多模态输入的内容，并输出多模态内容，实现对图像、文本、视频等不同模态内容的理解和生成。在应用中，Emu 可在多模态序列的上下文中补全内容，实现图文对话、文图生成、图图生成等多模态能力。

在开源方面，智源研究院致力于基于大模型构建完善的开源系统。其还打造了大模型技术开源体系 FlagOpen，实现模型、工具、算法、代码的开源。

FlagOpen 的核心 FlagAI 是一个大模型算法开源项目，集成了许多"明星"模型，如语言大模型 OPT、视觉大模型 ViT、多模态大模型 CLIP 等，还包含智源研究院推出的悟道系列大模型。这些开源模型支持企业基于自身业务需求进行二次开发、对模型进行微调等，为企业应用大模型提供支持。

　　未来，随着多模态大模型的发展，其通用能力将大幅提升，而开源将成为多模态大模型发展的一大方向，以挖掘大模型的更大价值。多模态大模型开源，不仅能够实现大模型的技术创新，还能够吸引更多用户使用，推动大模型广泛落地。

上篇
中篇
下篇

第6章

产业格局：AIGC 产业架构与发展趋势

如今，更多企业进入 AIGC 行业，深度挖掘 AIGC 产业的价值，为更多行业赋能。经过企业不断探索，AIGC 的产业架构逐渐清晰，产业格局初步形成。

6.1　入局者增多，AIGC 产业生态日益稳固

AIGC 行业显示出巨大的发展潜力，吸引了许多投资机构和巨头企业入局。而这些机构、企业的入局又推动了 AIGC 行业的发展，如此循环，使得 AIGC 产业生态日益稳固。

6.1.1　AIGC 展现潜力，吸引资本流入

2023 年，国外 AIGC 赛道中出现了很多关注度很高的融资收购事件。例如，OpenAI 进行了 B+轮融资，获得了上百亿美元的资金；大数据巨头 Databricks 收购 AIGC 初创企业 MosaicML；生成式 AI 企业 Inflection AI 完成了金额为 13 亿美元的融资，资金来源于微软、英伟达等；生成式 AI 企业 Typeface 连续获得两笔大额融资，发展势头强劲。

聚焦国内，王慧文创办的大模型创业公司光年之外获得腾讯资本、宿华等投资机构的青睐；专注于生成式 AI 大模型研发的企业生数科技获得近亿元的融资。国内获得融资的企业主要扎根于浙江和北京，可能是因为这些地区的科研实力较为强大。

总之，在这场 AIGC 的投资行动中，许多知名企业加入其中，足以见得其强大的发展潜力。但是许多企业的融资仍然处于早期阶段，距离真正实现

AIGC 技术落地、推出自己的 AIGC 应用，还有一定的距离。

6.1.2　巨头涌入，AIGC 赛道不断壮大

AIGC 作为一个新赛道，吸引了各行各业有实力的企业，产业规模不断扩大。例如，金山办公是一家办公软件提供商，研发了基于大语言模型的智能办公助手 WPS AI。WPS AI 是国内协同赛道办公的首个类 ChatGPT 应用，已经与金山办公旗下的多款办公软件建立连接。

金山办公原有的轻文档、轻表格和表单与 WPS AI 进行了对接，并实现了智能升级，改名为 WPS 智能文档、WPS 智能表格和 WPS 智能表单，开拓了智慧办公新场景。

金山办公官方表示，其为 WPS AI 制定了 3 个战略方向，分别是内容创作、智慧助手和知识洞察。金山办公作为一家本土软件企业，坚持"用户第一，技术立业"的原则，为用户提供智能办公软件。

WPS 智能文档是一款内容创作与协作产品，用户可以利用其进行新闻稿件、月报等文本的生成。WPS 智能文档还能够对内容进行调整，包括扩写、缩写、翻译等。此外，WPS 智能文档还能够对文档内容进行总结归纳，根据用户提供的旅游文档生成旅行计划。

WPS 智能表格能够提高数据批量处理的效率。WPS 智能表格可以应用于销售、电商等场景，帮助用户提取关键信息、生成内容。用户可以通过对话发出指令，通过"AI 模板"功能用一句话生成表格。

WPS 智能表单可以用于在线信息收集，并支持自动生成数据报告，用户可以通过对话快速生成表单收集信息。WPS 智能表单为用户提供了便利，用

户可以通过拍照的方式将纸质表格转化为电子表格，提高信息收集、分析的效率。

金山办公的加入填补了 AIGC 在办公赛道的空白，为 AIGC 在多个领域的发展做出贡献。

再如，昆仑万维原本是一家以游戏为核心业务的互联网企业，在 AIGC 浪潮下转型为一家致力于实现 AIGC 算法与模型开源的企业。昆仑万维提早在 AIGC 领域布局，推出"天工"大模型，还推出多个 AI 音乐、AI 图像、AI 编程应用，并且已在 GitHub 上开源。

"天工"大模型包含 4 款模型，分别是"天工巧绘 SkyPaint""天工乐府 SkyMusic""天工妙笔 SkyText""天工智码 SkyCode"，覆盖了多个领域，包括图像、音乐、文本、编程。

"天工"大模型有助于打通昆仑万维的内部业务，提高各个业务板块的内容生产能力，激发内部业务发展的动能。昆仑万维的愿景十分广阔，不仅致力于提高定制化 AI 内容生成的能力，还希望借此提高用户的活跃度，实现降本增效。

AIGC 还处于发展阶段，产业生态和产业格局还未完善，行业标准还未完全形成。但是，随着巨头的不断涌入，AIGC 产业发展速度将会加快，产业格局将更加完善。

6.2　细分产业链条，拆解产业架构 ●●●

作为 AI 技术的一大应用方向，AIGC 的产业链条已经初步形成。从整体来看，AIGC 的产业链条主要分为上游（基础层）、中游（模型层）和下游（应用层）三个部分。

6.2.1　上游：提供数据、技术基础能力

AIGC 产业链层次清晰，如图 6-1 所示。整个 AI 产业的基础层是共通的，核心是算力、数据和算法，并包含芯片、通信设备等构建的硬件底座。

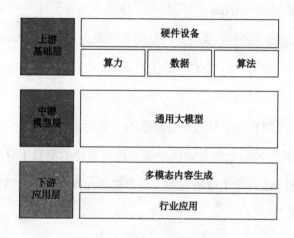

图 6-1　AIGC 产业链的层次

算力指的是计算能力，具体而言，就是处理信息、输出结果的能力。

算力的发展分为多个阶段，具体如下所述。

（1）电子计算机 ENIAC 的出现，标志着算力进入数字电子时代。

（2）半导体技术的发展、个人计算机诞生并逐渐进入普通人的生活，标志着芯片成为算力的主要载体。

（3）通信技术的发展，带动互联网升级，IT 算力服务范围拓展到普通家

庭和中小企业。

（4）云计算技术的出现，让世界范围内单点的算力被连接起来，从单点式计算发展到分布式计算，算力得到极大提升。

（5）数据中心、云服务平台应运而生，成为算力的主要载体，算力实现云化。

随着 AIGC 爆发，大模型参数量呈指数级增长，对算力的需求也随之增加。AIGC 底层产业主要是芯片、通信设备、服务器生产等，这些领域的厂商为 AIGC 提供算力硬件设施。而向上延伸则是提供数据存储和处理能力的数据中心（包含超级计算中心），提供云计算服务的云服务平台，以及提供其他相关服务的平台，如算力调度中心。

芯片包含用于运行 AI 算法的 AI 芯片和用于数据存储的存储芯片。AI 芯片包含传统的 CPU（Central Processing Unit，中央处理器）、GPU（Graphics Processing Unit，图形处理器）和 FPGA（Field-Programmable Gate Array，现场可编程门阵列），以及为高效执行 AI 计算而研发的 ASIC（Application-Specific Integrated Circuit，应用特定集成电路）专用芯片。

在芯片行业中，芯片能力较为强劲的多为海外企业。而在 AI 芯片方面，也是海外企业在基础层更为领先，例如，谷歌、AMD 等企业研发了专用于训练大模型的芯片。而国内的厂商，如寒武纪、阿里巴巴、地平线、天数等企业研发的芯片多用于应用层面，如用于运行训练好的模型。

存储芯片主要用于存储程序代码以及各类数据信息，而 AI 算力所需要的存储芯片主要可解决数据迁移慢、能耗大的问题。存储芯片是一类较为常见的芯片，也是目前我国大力发展的一类芯片。在存储芯片领域，国内主要有中芯国际、兆易创新、紫光国微、北京君正等企业，海外有三星电子、海力

上篇

中篇

下篇

士半导体、东芝、西部数据等企业。

通信设备主要解决数据传输速率的问题，即将数据的电信号通过光纤这一传输介质进行远距离传输和高速传输，并减少信号衰减现象。在通信设备领域，光模块、光芯片、电芯片等方面的基础硬件厂商有海信、光迅科技等，电信网络设备厂商有华为、中兴等，通信服务运营厂商有联通、电信、移动等。

如今，服务器生产商主要是指面向 AI 应用的 AI 服务器生产商。与传统的服务器不同，AI 服务器指的是采用"CPU+GPU""CPU+FPGA"等异构形式的服务器，国内厂商包括浪潮信息、中科曙光、华为等，国外厂商包括戴尔、IBM、思科等。

数据中心是集中处理和存储海量数据的载体，国内的企业主要有奥飞数据、润泽科技等。而由国家兴建、部署有千万亿次高效能计算机的即为超级计算中心，更多地面向高科技领域和尖端技术研究，为其提供所需的运算速度和存储容量。目前，我国有十几个超算中心，分布于全国各地。

云计算则是把计算机资源和应用程序都汇总起来，形成资源池，然后将用户的计算需求在资源池内进行分配的一项技术。云计算技术能够提高运算效率和资源利用率，各类数据中心为云计算提供物理设施，是云计算的重要部分。

目前，国内的云计算厂商包括阿里巴巴推出的阿里云、腾讯推出的腾讯云、百度推出的百度云、华为推出的华为云等，海外则有亚马逊的 AWS、云基础架构和移动商务解决方案厂商 VMware 等。

数据是 AI 算法发挥作用的前提，也是 GPT 等大模型实现突破的核心。通过把全网海量的文本内容作为训练数据"投喂"给 GPT，GPT 最终具备理解上下文、连贯性生成文本内容等能力。在数据被"投喂"之前，数据采集、标注、清洗、存储等环节必不可少。大模型的爆发为提供基础数据服务以及拥有海量数据的企业带来新的机遇，如秒针系统、海天瑞声等专业数据企业，以及各领域拥有大量数据的龙头企业。

除此之外，算法框架和技术（如自然语言处理、计算机视觉等）作为大模型的技术基础，用于实现数据分析、模型训练等功能，也是不可或缺的基础层产业。自然语言处理主要用于自然语言理解、语音识别和标记等，而计算机视觉主要用于图像识别和标记，国内的领头企业为科大讯飞。

6.2.2　中游：集成技术的应用模型

AIGC 产业的基础是通用大模型的诞生和发展。当前，AIGC 领域的通用大模型主要是指在自然语言处理领域被广泛使用的大规模机器学习模型。通用大模型可以处理和生成文本数据，通过大型语料库中的数据进行大规模预训练，以学习文本数据的语法、语义和上下文关系。

目前的自然语言处理大模型除了 OpenAI 的 GPT-4 模型外，还有谷歌推出的 LaMDA 模型和 PaLM 模型，Meta 的 LLaMA 模型，百度的"文心"大模型，阿里巴巴的"通义千问"大模型，腾讯的"混元"大模型，昆仑万维的"天工"大模型等。这些均是拥有千亿级参数的通用大模型。

而谷歌推出的 ViT（Vision Transformer）模型，首次将 Transformer 架构应用于计算机视觉领域的图像分类任务，大模型能力开始由自然语言处理领域泛化到计算机视觉领域。这也催生出第二类大模型，即计算机视觉大模型。

基于 ViT 的通用大模型已经成为目前计算机视觉模型研究的主流方向。

目前已发布的大模型有谷歌的 ViT 模型以及 V-MoE，微软的 Swin Transformer，Meta 的 SAM 模型，以及国内华为的"盘古"CV 大模型。

2023 年 3 月，谷歌推出多模态大模型 PaLM-E；2023 年 9 月，OpenAI 发布了 GPT-4V，其能够理解视觉和声音。大模型从语言理解进一步延伸至视觉、声音等多模态领域，人工智能进入了高速迭代期。目前已发布的多模态大模型主要有谷歌的 PaLM-E 和 CoCA，OpenAI 的基于 CLIP 预训练模型的 GPT-4V，微软的 VLMo 模型。

通用大模型的"大"主要体现在 3 个方面：一是参数量级大；二是网络结构复杂，可以同时支持多个任务；三是用于训练的语料库规模大，从 GPT-1 的上亿个参数到 GPT-4 的上万亿个参数，大模型的结构越发复杂。

大模型爆发之前，AI 模型通常是针对特定领域的小模型。而小模型的特点是在应用于其他领域时需要重新进行训练，这涉及非常繁多、复杂的调参和调优工作。而通用大模型的"通用"则是指其通过海量数据训练后所具备的良好的通用性和泛化性，只需要经过微调参数，就能应用于细分领域。

目前，大模型研发的方向主要有两个。一个方向是从零开始构建具有强大的泛化能力的通用大模型，从筑牢基座到预训练再到调优，均独立完成，通过培养出足够"智慧"的 AI 来应对各行各业的问题。

在通用大模型方面，全球的很多巨头均有所布局，包括上文提及的海外的谷歌、微软、Meta、亚马逊等，以及国内的华为、腾讯、百度、阿里巴巴等。布局通用大模型投入巨大，数据、算力和时间成本都耗费甚多，优势是能拥有独立的大模型，但缺点是面临同质化竞争。

另一个方向是研发行业大模型，即训练出面向某一领域的"专家"来解决特定的行业问题。研发行业大模型主要有两条路径：一是在开源的通用大模型之上，利用特定行业数据或者特定表征数据进行微调，以实现大模型在下游不同领域的应用，如恒生电子的金融行业大模型 LightGPT、百度的航天领域大模型"航天-百度·文心"模型等；二是用领域数据从零开始构建行业大模型，彭博社旗下的面向金融业的 BloombergGPT 大模型便是一个典型案例。

6.2.3　下游：AIGC 应用多领域落地

随着大模型高速迭代，AI 对多模态内容生成的支持能力越发强大，已经渗透多个行业，产业生态日益丰富，形成了"AIGC+"的商业化落地新路径。传媒、电商、影视、娱乐等需要进行大量文本创作、音视频创作的领域，利用 AI 辅助内容生成能够极大地提高内容生产效率。而在教育、金融、医疗等需要凭借人工完成信息收集和处理等基础工作的行业，AI 可以极大地缩短这部分工作所需的时间。

目前，AIGC 应用层分为两层。一层是针对不同领域的特定内容生成工具，如视频总结工具、文献纲要总结工具、广告文案生成工具、音频小样生成工具、代码生成工具等。ChatGPT、Midjourney、"文心一言"都是这一层面的应用。这一类工具大多是单纯地进行内容产出，帮助人类在某个工作环节上提高效率、节省时间成本，而未渗透所有工作环节。

更深一层是基于多模态的内容生成。这使得人工智能与各行各业的融合程度更深，例如，各类数字人、虚拟人担任智能客服、智能医生等角色。这一类应用已经替代了完整的工作流程中的人工部分，或者已经形成独立的服务流程。这一类应用是对各行各业真正意义上的赋能与颠覆性改造，并且随着 AIGC 产业的高速迭代而不断深化，极具发展空间。各行各业都在不断地探索，相信在不久的将来，我们将看到 AIGC 应用百花齐放的盛景。

6.3 多行业赋能，产业价值凸显 ●●●

随着数字内容需求不断增长，AIGC 的产业价值日益凸显。其可以赋能多个行业，生成大量专业性内容。此外，在大模型的加持下，AI 的落地范围不断扩大，可以满足更多行业细分需求。

6.3.1　AIGC 内容生成助力行业内容生产

AIGC 的出现是大势所趋，一方面用户对内容的生产速度有所要求，而 AIGC 能够提高内容生产效率、降低内容生产门槛；另一方面，用户对内容质量的要求越来越高，而 AIGC 能够生成多种多样的个性化内容。

例如，钟薛高利用 AI 打造了新品雪糕。钟薛高在其 2023 年度新品发布会上发布了 Sa'Saa 系列雪糕，如图 6-2 所示。Sa'Saa 系列雪糕是由 AI 参与打造的产品，该系列雪糕从名字、口味到产品设计，均有 AI 参与。

Sa'Saa 系列雪糕的开发使用了多款 AI 产品，包括 ChatGPT、"文心一言"等。Sa'Saa 系列雪糕的名字别有深意，既模拟用户咬下雪糕的声音，也表达了年轻用户可爱活泼的样子，甚至可以将其解读为 "Satisfy And Surprise Any Adventure"（一切冒险都可以带来满足和惊喜），而这句话也是由 AI 创作的。

图 6-2　Sa'Saa 系列雪糕外观

上篇
中篇
下篇

再如，国潮饮料品牌王老吉推出了一系列由 AI 设计的产品。AI 运用传统笔墨，并结合春夏秋冬的季节概念，融入了飞鸟、竹林等古风元素，设计了许多国风包装。

王老吉的外包装设计主要有 4 款，分别是"千里江山罐"，灵感来自"千里江山图"；"山溪月色罐"由明月、群山等元素组成；"登高望秋罐"则给人秋高气爽的感觉；"青松凌云罐"则是以青山、溪流为主题。

王老吉的项目负责人认为，AI 技术能够为产业带来颠覆性的革命，帮助企业更加全面地了解市场趋势、用户需求等。

未来，AI 能够在设计方面为企业增添更多助力，以自身能力呈现出更多创意，为用户带来更多新奇的体验。

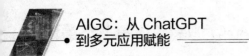

6.3.2　大模型助力人工智能广泛落地

人工智能的应用由来已久，在大模型未出现之前，一些基于深度学习技术的 AI 模型已经实现了应用。这些 AI 模型往往是针对某一特定需求进行训练的，具有一定的智能性但功能单一。

AI 模型从研发到投入应用的流程包括确定需求、数据收集、算法设计、训练微调、应用部署、运营维护等多个环节。

在传统模式下，为了满足场景需求，研发人员需要设计定制化神经网络模型。这就要求研发人员具备丰富的专业知识，并且需要承担试错成本。在这种模式下，一个 AI 模型研发项目往往需要一个专业的研发团队经过数月研发才得以完成。

在落地应用阶段，基于"一个场景一个模型"模式开发的定制化模型在其他任务场景中并不通用。在自动驾驶全景感知领域，往往需要行人跟踪、目标检测等多个模型协作，才能实现全景感知。而同样是完成目标检测任务，针对医学图像领域训练的病症检测 AI 模型无法应用到行人、车辆检测场景中。AI 模型无法通用，提高了 AI 落地的门槛。

而大模型能够基于海量、多个场景的数据进行学习，并总结出通用能力，是一种具有泛化能力的模型底座。在面对新的应用场景或新的任务时，对大模型进行微调，如在特定场景中基于专业数据进行二次训练，大模型即可应用于特定的场景或任务。因此，大模型可以凭借其通用能力有效应对多样化的 AI 应用需求，加速 AI 规模化落地。

基于深度学习技术和海量的数据，大模型能够持续学习，实现自我优化，形成更强大的智能能力。

当前，基于预训练模型的自然语言处理技术达到的效果，已经超越了传统的机器学习的效果。在大模型不断迭代的过程中，计算量呈指数级增长。随着大模型通用能力的提升，其不仅是一个能够处理语言任务的大语言模型，还将发展成可以处理语言、视觉、声音等多种任务的多模态模型。大模型为人工智能从弱人工智能走向强人工智能提供了一条可行的路径。

多模态大模型是大模型发展的重要趋势。多模态大模型具有在无监督模式下自动学习不同任务的能力，是弱人工智能迈向强人工智能的一种路径。将文本、图像、视频等多模态内容进行融合，实现大模型由单模态向多模态的转变，能够为更多领域提供基础模型支持，打造通用能力更强的人工智能模型。

大模型带来的更强大的智能能力，能够推动人工智能的发展。当前，人工智能的典型应用，如智能客服、写稿机器人等，已经实现落地应用，能够智能化地完成特定工作。而在大模型的助力下，这些人工智能应用的智能能力将大幅提升。

例如，接入大模型后，智能客服的智能性将大幅提升。以往的智能客服虽然能够依据用户的提问给出标准的回答，但存在回答千篇一律的痛点。基于大模型，智能客服能够快速识别用户需求，给出准确、个性化的答案。同时，基于强大的逻辑推理能力，智能客服能够基于用户的问题给出完善的解决方案。

智能客服还能够基于对用户需求和反馈的分析，改进自己的服务，提高用户满意度。在大模型的加持下，文生图、文生视频、虚拟数字人等主流应用方向的商业化进程将不断加快，产生更多智能化应用。

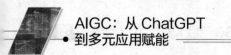
　　大模型成为人工智能发展的助推器，使人工智能不仅"能听会看"，会"思考"和创作，还能够推理和做出决策。随着大模型不断迭代，其将具有更强的通用性和更高的智能程度，使 AI 能够广泛应用于各个行业。

第 7 章

商业前景：AIGC 商业化应用场景爆发

在快速发展的过程中，AIGC 技术实现了落地，商业化应用场景大爆发。许多企业从多个方面入局 AIGC 赛道，利用 AIGC 技术研发新应用，给用户的生活带来更多便利。

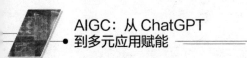

7.1 技术融合，AIGC 落地成为可能 ●●●

用户对数字内容的需求不断增长，为了吸引用户，许多企业将多种技术与 AIGC 技术融合，加快推动 AIGC 落地应用和行业智能化升级。

7.1.1 底层技术迭代，AIGC 内容产出更智能

AIGC 在爆火之前经历了漫长的发展过程。在这个过程中，AIGC 的底层技术不断革新，内容产出的智能化水平越来越高。

以图像生成领域为例，AIGC 技术有望实现从 2D 图像生成到 3D 图像生成的突破。DALL-E、Midjourney、Stable Diffusion 等 2D 生成工具能够根据文本提示在短短几秒内生成图片。在 AIGC 领域，2D 图像生成的发展主要分为三个阶段。

第一阶段：智能图像编辑。

随着生成对抗网络和变分自编码器出现，AI 被应用于 2D 图像生成。此外，AI 还能够用于图像编辑，包括人脸生成、图像风格迁移、图像补全和可控图像编辑等。

但是早期生成对抗网络的训练比较困难，存在模式坍塌、训练不稳定等问题，生成的数据比较单一；模型容量决定了可用数据规模的上限；变分自编码器生成图像比较模糊等。

第二阶段：文生图模型的飞跃。

AIGC 技术不断发展、基于扩散模型的图像生成技术实现突破、多模态数据集的出现，都为 2D AIGC 图像生成领域带来发展机遇。图像生成模型与文本进行结合，大规模的文生图模型出现。

例如，OpenAI 发布的 DALL-E 文生图模型能够根据文本提示生成图像，并有效提高图像生成效率。之后，许多文生图大模型相继出现，如 DALL-E 2、Imagen 等。

虽然这些大模型没有办法创作出能够直接投入生产的内容，但是其吸引了用户的注意力，成为激发用户创作的动力。

第三阶段：从惊艳到生产力。

各类技术细节不断优化与完善，使得 2D AIGC 快速发展。基于大规模训练，Midjourney、Stable Diffusion 等文生图模型成为深受好评的 AIGC 工具，为广告传媒、游戏等领域的用户带来好处。用户利用 AIGC 工具进行创意生成或原型设计往往仅需几个小时，虽然大多数专业的设计师会对 AI 生成的图像进行修改，但普通用户和广告商直接使用 AI 生成的图像的情况越来越多。

在 2D AIGC 发展火热的同时，游戏和机器人产业对 3D 图像的需求不断增长。3D 领域也实现了技术突破，出现了许多 3D 图像生成模型，如 DreamFields、DreamFusion、Magic3D。此外，还出现了一些文生 3D 图像的新算法，如 Prolific Dreamer。

这些 3D 图像生成模型存在一些问题：一是耗时较长，例如，Magic3D 生成一个 3D 网格模型需要几十分钟，Prolific Dreamer 的生成时间长达几个小时；二是现有的 3D 图像生成模型容易遇到雅努斯问题，即生成的 3D 图像有多个头或多个面。在许多团队的不懈努力下，3D 图像生成模型得到进一步优化，能够有效提高图像生成效率和准确性。

上篇
中篇
下篇

总之, 随着 AIGC 技术的发展, 其实现了从 2D 图像生成到 3D 图像生成的突破, 有效提高了图像生成速度和质量, 改善了用户的体验感。用户拥有了更多选择, 既可以利用文字生成 3D 图像, 也可以使用图像生成 3D 图像。未来, 随着 AIGC 不断发展, 其将实现进一步突破, 为用户带来更多惊喜。

7.1.2 MaaS 深化 AIGC 应用, 实现场景拓展

MaaS (Model as a Service, 模型即服务) 是一种以大模型为基础的服务模式, 指的是由科技巨头提供大模型服务, 通过 API 开放服务能力, 为企业赋能。

API 可以作为"中介"实现不同应用之间的连接。用户在日常生活中接触最多的是硬件接口, 往往接入某个接口就能实现某些功能。应用接口也是如此, 能够将应用的功能如同盒子一般封装起来, 只留一个接口, 用户接入这个接口便可以使用这些功能。用户在使用应用接口时无须知道这些功能如何实现, 仅需按照开发者的流程进行调试即可。

在 MaaS 模式下, 企业无须打造大模型, 即可通过 API 接口打造专属于自己的 AIGC 应用, 或将大模型的 AI 生成能力集成到自己的产品中。

2023 年 7 月, OpenAI 宣布开放 GPT-4 API 接口, 并即将上线应用商店, 推行 MaaS 模式。企业可以根据自己的特定需求对 GPT-4 进行微调, 快速实现模型定制化。用户可以通过外挂自定义数据库, 快速生成特定领域的 AIGC 应用。

AIGC 的发展需要开放、可扩展的平台的支持。MaaS 模式为 AIGC 的发展提供了标准化、开放的平台, 使更多企业可以接入大模型, 打造自己的 AIGC

应用。

此外，MaaS 模式将推动 AIGC 应用在更多场景落地。从 MaaS 模式的产业结构来看，其以"底层模型—单点工具—多场景应用"为路径。以 ChatGPT 为例，其底层模型为 GPT-3.5，模型催生的单点工具是 ChatGPT，ChatGPT 能在智能对话、文案生成、代码生成等多个细分应用场景落地。

1. 大模型是 MaaS 的基座

大模型是 MaaS 模式的底层支撑。科技巨头需要打造大模型底座，并开放 API。当前，国内很多企业也推出了通用能力较强的基础大模型，并支持用户调用。

2023 年 4 月，商汤科技公布了"日日新 SenseNova"大模型。该大模型具备内容生成、数据标注、模型训练等能力，为 B 端用户提供大模型能力支持。"日日新 SenseNova"大模型为 B 端用户提供了多种 API 和服务，如图片生成、自然语言生成、数据标注服务等。B 端用户可以根据自身需求，调用"日日新 SenseNova"大模型的各项能力，低成本落地各种 AI 应用。

2. 单点工具是大模型应用的补充

单点工具指的是基于大模型而产生的各种应用，即各种 AIGC 应用。通过这些应用，更多用户可以体验到大模型的强大能力，并通过专业化的工具完成各种内容生成任务。国内一些企业在推出大模型的同时，还推出基于大模型的各种应用。例如，商汤科技基于"日日新 SenseNova"大模型推出"秒画 SenseMirage"文生图创作平台、"如影 SenseAvatar"AI 数字人视频生成平台和"琼宇 SenseSpace"3D 内容生成平台。

相较于大模型，这些单点工具更具针对性，其在各细分领域的应用将改变这些领域的生产范式，为内容生产打开新的空间。

3. 多场景应用为大模型应用变现提供路径

虽然当前还没有出现适用于所有场景的通用大模型，但是很多大模型的覆盖领域逐渐拓展。在此基础上，由其衍生的 AIGC 应用也将不断发展，覆盖的领域会越来越多。

以 GPT 系列模型为例，该系列模型产出了多种 AIGC 应用，如 ChatGPT、Jasper 等。而且，这些 AIGC 应用的应用场景不断增多，例如，ChatGPT 可用于代码生成、智能搜索、文学创作等诸多场景中；Jasper 可应用于营销文案生成、视频生成、网站运营等诸多场景中。

未来，随着 MaaS 模式的发展，大模型的数量、基于大模型的 AIGC 应用的数量都会持续增长，AIGC 应用覆盖的应用场景也会进一步增多。

7.1.3 百度"文心千帆"大模型平台：聚焦企业提供 MaaS 服务

当前，已经有一些企业在 MaaS 服务方面进行了深入探索，推出了完善的一站式 MaaS 服务平台，为用户提供完善的大模型服务。

2023 年 5 月，在"文心大模型技术交流会"上，百度智能云展示了文心大模型在技术研发、生态建设等方面的新进展，其中便包括处于内测中的"文心千帆"大模型平台。"文心千帆"大模型平台是一个企业级大模型生产平台，集成了"文心一言"大模型及其他第三方大模型，为企业开发和应用大模型提供整套工具和一站式服务。

"文心千帆"大模型平台主要提供两项服务：一是以"文心一言"为依托提供大模型服务，帮助企业迭代产品及优化生产流程；二是支持企业基于平台中的大模型，训练自己的专属大模型。基于这两项服务，"文心千帆"大模型平台有望在未来发展成为大模型生产、分发的集散地。

"文心千帆"大模型平台支持海量数据处理、数据标注、大模型训练和微调、大模型评估测试等大模型开发的多种任务，覆盖大模型开发全流程。当企业得到与自身业务结合的专属大模型后，"文心千帆"大模型平台还提供大模型托管、大模型推理等服务，使企业更加便捷地使用大模型。

"文心千帆"大模型平台在应用方面具有诸多优势。

（1）在易用性方面，用户不需要了解代码就能够在"文心千帆"大模型平台中进行各种操作，实现模型训练和微调。

（2）在开放性方面，"文心千帆"大模型平台集成了诸多第三方大模型，能够覆盖更多的领域和场景。

（3）在能力拓展方面，除了平台自身的大模型能力外，"文心千帆"大模型平台还通过插件机制，集成了多种外部能力，以进一步提升平台的服务能力。

（4）在交付模式方面，"文心千帆"大模型平台支持公有云服务、私有化部署两种交付模式，满足不同企业的不同需求。

在公有云服务方面，"文心千帆"大模型平台提供推理、微调、托管等服务。其中，推理服务支持企业直接调用平台内大模型的推理能力；微调指的是帮助企业通过高质量数据训练，生成针对特定行业的行业大模型；托管指的是对企业训练后的大模型进行后续管理，保证大模型稳定运行。这三种服务大幅降低了大模型的应用门槛。

在私有化部署方面，"文心千帆"大模型平台开放软件授权，企业可以在自己的环境中使用大模型；提供完善的大模型软件和硬件基础设施支持；提供硬件和平台能力的租赁服务等，满足企业对大模型私有化部署的需求。

当前，"文心千帆"大模型平台已经和用友、宝兰德等生态伙伴签约。未来，其将通过更加完善的生态建设驱动 MaaS 服务在更多领域、场景落地。

除了百度智能云推出"文心千帆"大模型平台外，字节跳动旗下云服务平台"火山引擎"于 2023 年 6 月推出 MaaS 平台"火山方舟"，面向企业提供大模型训练、微调等服务。当前，"火山方舟"汇聚了 IDEA 研究院、智谱 AI 等多家企业推出的大模型，并启动了邀请测试。

"火山方舟"支持企业进行模型精调和效果测评。企业可以用统一的工作流对接多个大模型，测试不同模型的功能，再从中选择能够满足自身业务发展需求的模型。同时，企业还可以基于不同场景的需求使用不同的模型，通过模型组合使用的方式赋能业务发展。

企业在使用大模型时需要解决安全与信任问题。在这方面，在安全互信计算技术的支持下，"火山方舟"可以有效保证用户数据资产安全。

当前，字节跳动内部的很多业务团队正在试用"火山方舟"，利用大模型实现降本增效。这些内部实践加速了"火山方舟"的完善、优化，使平台能力进一步增强。同时，"火山方舟"邀请了金融、汽车等行业的多家企业进行内测。未来，其平台服务将与客户营销、协同办公等场景结合，提升企业的运营能力。

7.2 商业模式选择：To B 还是 To C ●●●

AIGC 爆火引得许多企业纷纷入局，但在发展相关业务之前，企业需要明确是采用 To B（To Business，面向企业）的商业模式还是采用 To C（To Consumer，面向用户）的商业模式。企业应根据自身的优势和实际情况，谨慎选择商业模式。

7.2.1 To B：面向需求稳定的 B 端用户

随着 AIGC 不断发展，其商业模式逐渐清晰。当前，很多 AIGC 应用面向 B 端用户。基于 AIGC 技术的赋能，企业能够有效优化自身业务流程，提高内容产出率，实现降本增效。在强大优势的吸引下，企业对 AIGC 应用的需求较为稳定，也愿意为此付费。

OpenAI 宣布开放 ChatGPT API，就是对 To B 商业模式的探索。自从 ChatGPT 开放 API 后，不少企业都接入 ChatGPT，更新产品，提升用户体验。

汤姆猫是一家互联网企业，以"会说话的汤姆猫家族"为主营 IP。汤姆猫打造了完善的线上线下产业链，业务覆盖许多国家，旗下的汤姆猫系列游戏十分受欢迎，累计下载量超过百亿次。

为了充分挖掘"会说话的汤姆猫家族"IP 的价值，汤姆猫将系列游戏与新技术融合，升级互动场景，改善用户体验。在 ChatGPT 引起市场关注后，汤姆猫积极接入 ChatGPT，借助 ChatGPT 底层模型进行产品测试和研发。

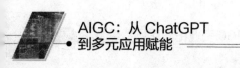
当前，汤姆猫已经完成了 AI 语音互动功能的测试，给旗下产品增加了语音识别、语音合成和性格设定等功能，并对语音交互、连续对话等功能进行验证，进行了相关技术应用的可行性测试。

除了汤姆猫外，电商服务平台 Shopify 借助 ChatGPT API 为其应用程序 Shop 创建了一个智能导购应用。用户使用 Shop 进行产品搜索时，智能导购会基于其需求为其提供个性化推荐。智能导购每天会对上百万种产品进行扫描，帮助用户快速找到他们需要的产品，简化购物流程。

OpenAI 开放 ChatGPT API 的行为为广大开发者打开了新世界的大门。未来，OpenAI 将会不断改进 GPT 系列模型，为开发者提供更多可以选择的模型。

7.2.2　To C：面向 C 端用户拓展 SaaS 订阅业务

AIGC 与各行各业的融合不断加深，与 C 端的连接越来越广泛。AIGC 应用在 C 端有着广阔的落地应用前景：一方面，多样化的 AIGC 应用可以帮助用户获取信息、整理数据等，将烦琐的工作简单化；另一方面，AIGC 应用可以为用户的创作助力，降低创作门槛。基于以上优势，AIGC 应用受到了 C 端用户的广泛欢迎。

当前，AIGC 在 C 端的商业模式主要是 SaaS（Software as a Service，软件即服务）订阅。SaaS 订阅分为两种：一种是根据产出计费；另一种是软件订阅付费。

（1）根据产出计费。这种商业模式更适合于应用层，例如，按照图片数量、计算数量、模型训练次数收费。这个商业模式运行的关键在于，如何使

上篇
中篇
下篇

用户复购。根据产出计费会受到许多因素的影响，例如，是否有版权授权、版权授权的合作方式是什么、是否支持商用等。这些不稳定的因素十分影响根据产出计费的商业模式的发展。

（2）软件订阅付费。ChatGPT Plus 使用的便是这种商业模式，每个月向用户收取 20 美元的软件订阅费用。AI 写作软件 Jasper 使用的也是这种商业模式，其设定了初级、高级和定制三种收费模式，用户可以根据自己的需求选择。

总之，C 端消费者市场是 AIGC 发展的重要方向。随着 AI 技术日趋成熟，C 端的 AIGC 产业链不断完善，AIGC 商业模式将朝着更加多元化的方向拓展。

7.3　商业入局：AIGC 入局多路径解析

AIGC 作为新兴领域，企业入局的路径众多。企业可以聚焦数据，提供数据资源；聚焦技术，提供必要的硬件与模型；聚焦产品，打造多元智能产品；聚焦项目，启动 AIGC 项目。总之，企业可以充分发挥自己的优势，选择合适的路径切入 AIGC 赛道，实现创新发展。

7.3.1　聚焦数据，提供数据资源

AIGC 领域的发展离不开大模型的支撑，而大模型的训练离不开海量数据的支持。因此，数据提供商是 AIGC 领域的重要玩家。在数据方面拥有优势的

企业可以提供海量训练数据、提供数据标注服务、提供版权 IP 等，以数据资源优势入局 AIGC 赛道。

以 OpenAI 为例，其用于训练的数据来源较为丰富，包括社交新闻、期刊、杂志、各类书籍等。OpenAI 正是凭借丰富的数据打造了优质的大模型和 AIGC 应用。如今，很多企业都尝试自主研发大模型，这使得数据的重要性进一步提升。

当前，已经有企业与其他企业或机构展开合作，为其提供优质的数据。中文在线是一家数字内容供应商，拥有丰富的数字内容资源和丰富的应用落地场景。中文在线与多家研究所和企业在 AIGC 领域达成了合作，从数字文化内容生成与研发两个方面入手，打造聚焦数字内容生产的垂类小模型，并推动其落地应用。

中文在线具有长远眼光，抢先布局中短剧市场，依托其强大的网络小说 IP，打造了单集时长在 2 分钟以内、爆点频出、吸引用户付费解锁后续剧情的短剧模式。中文在线在国内与多家视频网站以分账的模式进行合作；在国外上线自己的应用，组建团队复制国内打法，招揽本地演员和团队，以很低的拍摄成本快速完成商业模式验证。

中文在线持续在整个生产流程上引入 AI 技术提高人效。具体来说，在剧本、分镜头的生产、其他模态（如漫画的快速生成）以及底层网络小说的高效创作等多个内容生成方面，都有 AI 的参与。

在这个过程中，中文在线旗下的数百万本网络小说 IP 变成其独有的数据资源。在这些数据资源和 AI 结合的趋势下，中文在线整个内容创作的流程以及现有已获得市场验证的商业模式将会如何演变，都有巨大的想象空间。

7.3.2　聚焦技术：提供必要硬件与模型

ChatGPT 为 AIGC 技术的商业化落地提供了一条新的道路。而 AIGC 的商业化之路离不开技术支持，例如，算力的持续增长、大模型不断涌现，都为 AIGC 提供了强劲的发展动力。对此，许多企业聚焦技术，为 AIGC 的发展提供必要的硬件与模型。

例如，英伟达是一家专注于芯片制造的企业，在人工智能领域获得了许多成就。2023 年 8 月，英伟达发布了一系列专为大模型打造的新硬件与软件产品，为 AIGC 的发展助力。

英伟达发布了 AI 超级芯片 DGX GH200 Grace Hopper（以下简称"GH200"），该芯片使用了新型显存 HBM3e，能够有效提高显存容量和显存速度。英伟达的 GH200 芯片采用了 Hopper GPU 架构，能够与 Arm 的 Grace CPU 架构相结合，有效提高数据中心系统的内存和带宽。

HBM（高带宽内存芯片）主要作为 GPU 的显存，能够提供高速、大容量的数据存储功能。随着 GPU 被广泛使用，HBM 芯片成为备受欢迎的存储芯片产品。

此外，英伟达还与机器学习平台 Hugging Face 合作，后者能够借助其为用户提供模型训练服务。用户可以利用 Hugging Face 对定制化生成式 AI 与大语言模型进行训练与微调，打造自己的智能聊天机器人、智能搜索引擎等产品。

总之，英伟达作为 AIGC 行业的领先企业，以 AI 芯片作为起点，不断拓展 AIGC 的发展空间。

7.3.3 瞄向产品：打造多元智能产品

AIGC 时代的序幕正在缓缓拉开，其在行业市场的落地应用正处于探索阶段。许多企业意识到 AIGC 产品市场的巨大潜力，专注于打造多元智能产品。

例如，在 2023 年上海国际消费电子技术展上，腾讯带来了多款 AIGC 产品，包括腾讯云 AI 绘画、腾讯"混元"大模型等，促进了行业智能化发展。

AI 大模型的发展为内容创作领域注入了全新的活力，企业可以借助 AI 大模型打造 AI 绘画工具，满足用户多元化的创作需求。

在展会上，腾讯推出了腾讯云 AI 绘画工具。腾讯云 AI 绘画工具使用腾讯自主研发的 AI 绘画模型，为用户提供 AI 图像生成与编辑技术 API 服务。用户可以在腾讯云 AI 绘画工具中输入自己想要的文本或图片，从而创作出相应的图像。

腾讯云 AI 绘画工具拥有强大的中文理解能力，能够快速、准确地理解用户的文字，实现基于中文元素的图像生成。例如，其可以基于对古诗词的理解生成相关图片。目前，该 AI 绘画工具已经拥有 25 种以上的生成风格；性能出众，API 接口耗时大幅减少；能够进行个性化定制，用户可以从自身需求出发，调整图像特性和风格，从而精准创作出自己想要的内容。

腾讯云 AI 绘画工具已经在央视新闻等场景中落地应用，有效实现了创作的提质增效。而且该 AI 绘画工具还能为企业的数字化变革注入动力，推动企业数字化发展。

腾讯竭力为用户服务，不断探索高效的内容生产解决方案。在本次展会中，腾讯还推出了"混元"大模型以及多个产品应用。腾讯"混元"大模型参数规模超过千亿个，已经通过腾讯云对外开放。用户可以直接使用 API 接口，或者在公有云上对腾讯"混元"大模型进行精调，从而打造适应于不同产业场景的应用。

腾讯"混元"大模型具有强劲的实力。例如，在文案创作方面，腾讯"混元"大模型能够实现千人千面的文案创作，赋能多个营销场景，包括小红书、电商直播、社群营销、广告等，并能生成剧本、分镜头脚本等。

依托于算法优化和丰富语料库的方法，腾讯"混元"大模型专门对中文语境下的文案生成能力进行升级，为用户提供稳定的服务，有效提高了创作效率。腾讯"混元"大模型的操作相对简便，用户可以自行调试系统，实现顺畅的文案创作。

为了给更多企业带来便利，腾讯还打造了行业大模型精选商店，为企业客户提供一站式 MaaS 服务，助力企业客户构建专属大模型。

未来，腾讯将会在大模型行业持续发展，在为各行各业输送大模型解决方案的同时，实现更多创新，为用户提供更多好用的产品和优质的服务。

7.3.4 关注项目：AIGC 火热项目盘点

随着算法与算力的不断发展，AIGC 迎来了发展黄金期，许多创新应用蓄势待发。以下是 AIGC 领域的热门项目盘点，如图 7-1 所示。

1. Stable Diffusion

Stable Diffusion 是由来自慕尼黑大学的研发小组开发的一种基于扩散工程的图像生成模型。该模型与其他模型的区别在于，使用了潜在扩散模型，能够模拟扩散过程，将噪声图像转化为目标图像。Stable Diffusion 具有稳定性和可控性，能够生成具有良好视觉效果的图像。

图 7-1　AIGC 领域的热门项目

Stable Diffusion 能够生成许多多样化图像，为许多用户提供了素材，促进了视觉艺术领域的发展。

2. DreamFusion

DreamFusion 是由谷歌推出的文本生成 3D 模型，是 AI 图像模型 Imagen 与 NeRF 的 3D 功能的结合，能够利用经过预训练的 2D 文本到图像扩散模型来执行文本到 3D 合成任务。

DreamFusion 采用分数蒸馏采样（Score Distillation Sampling，SDS），即通过优化损失函数从扩散模型生成样本的方法。SDS 能够在任意参数空间（如 3D 空间）中优化样本。谷歌在 DreamFusion 中添加了正则化器和优化策略，能够有效改善生成的几何图形的形状，生成更加逼真的 3D 模型，有效优化各类 3D 场景，如视频、游戏、电影等的制作。

3. DALL-E 3

DALL-E 3 是 OpenAI 推出的文本生成图像系统，能够根据用户输入的文本生成图像。DALL-E 3 为 AI 图像生成器的质量提供了全新的标准。与其他同类产品相比，DALL-E 3 能够更好地理解文本描述，从而在风格、主题、概念、背景等方面能更好地满足用户的要求。

虽然 AIGC 领域充满了不确定性，但是其为企业提供了一个具有可行性的发展方向。众多企业纷纷发力，朝着这一方向不断探索。

7.3.5　华为：推出开源 AI 框架昇思 MindSpore

作为我国知名的科技巨头，华为是以技术入局 AIGC 赛道的典型代表。在 AIGC 技术方面，华为开源了功能强大的 AI 框架昇思 MindSpore，并打造了开源社区。自诞生后，昇思 MindSpore 发展迅速，成为企业和高校进行 AIGC 创新的重要推手。

昇思 MindSpore 提供一站式大模型服务，覆盖大模型开发、训练、微调、部署全流程。昇思 MindSpore 已经孵化了数十个大模型，包括"紫东太初 2.0"、CodeGeeX 大模型等。

当前，大模型领域加速发展，华为紧跟潮流，于 2023 年 6 月推出了昇思 MindSpore 2.0。昇思 MindSpore 2.0 在易用性和功能上进一步升级，为原生大模型的研发提供技术与工具支持。

1. 覆盖大模型开发全流程

昇思 MindSpore 2.0 推出了覆盖大模型开发、部署全流程的解决方案，为企业进行大模型开发提供了一条"快车道"。

（1）在脚本开发环节，企业可以从模型库中一键导入模型，快速完成算法脚本开发。

（2）在模型训练环节，基于强大的算力，昇思 MindSpore 2.0 能够支持千亿个参数的大模型进行预训练，同时支持数据并行和模型并行，在提高算力利用率的基础上提高模型训练效率。

（3）在模型微调环节，昇思 MindSpore 2.0 集成多种低参微调的算法，提升了模型微调的效率；支持模型根据用户反馈进行强化学习，使模型更具适用性。

（4）在推理部署环节，昇思 MindSpore 2.0 提供模型压缩工具，支持分布式推理，以提升模型部署的效率。

2. 提供丰富套件，降低开发门槛

除了提供大模型开发全流程服务外，昇思 MindSpore 2.0 还在大模型的易用性上进行了升级，提供丰富的套件。昇思 MindSpore 2.0 推出了诸多场景化开发套件，实现了开箱即用，缩短了企业训练大模型的周期。同时，昇思 MindSpore 2.0 还与其他开源社区配合，通过 MSAdapter 套件实现大量模型的迁移。

昇思 MindSpore 2.0 的升级大幅提升了其大模型开发技术支持能力，为企业抓住大模型发展机遇提供工具和平台。

华为还积极推进开源社区的建设，在运营、人才培养、产业推广等方面进行了一系列探索，致力于打造一个开放的大模型"创造营"。

1. 运营方面：开放管理架构

2023 年 6 月，昇思 MindSpore 开源社区理事会成立。为了构建开放、多元的开源技术生态体系，集聚更多力量，华为采取了许多措施，如建立专业委员会、与业界开源基金会合作、与其他开源社区合作等。

2. 人才培养方面：助力开发者成长

在人才培养方面，对于不同阶段的开发者，华为提供不同的培养方案。在入门阶段，华为为开发者提供多样化的教材和课程，助力开发者学习必备基础知识；在实践阶段，华为通过实习、竞赛等活动为开发者提供实践机会；在创新研究阶段，华为提供学术基金，激励开发者进行科学研究。

3. 产业推广方面：推进多种活动

当前，大模型在软件领域的落地较为顺利，但实现多场景广泛落地还面临一些阻碍。基于昇思 MindSpore 2.0，华为启动了硬件加速计划，进行了诸多探索，如与硬件厂商联合开发、基于硬件设备举办推广赛事、与硬件厂商联合营销等。

在发展过程中，昇思 MindSpore 2.0 汇聚了数百个开源模型、服务过数千家企业，开源社区生态渐趋完善。未来，华为将继续进行技术研发，加速大模型落地，为更多企业和开发者提供多样化的大模型服务。

上篇
中篇
下篇

下 篇

组织和个体的 AIGC 转型

08

第8章

智能工具赋能：助推组织智能化变革

ChatGPT、Midjourney 等多个智能工具的出现，加快了人工智能进入普通人的工作和生活中的速度。人们体验到智能工具对提升工作中多个环节效率的作用，并尝试将其应用到更广泛的层面。各类应用不断涌现，润物细无声地渗透到许多组织中，而越来越多的管理者开始思考：智能工具的机会在哪里？它将如何改变组织乃至整个行业？

虽然这些问题并无定论，但有一点是笃定的，那就是新的时代到来了，如果组织和个体不主动进行变革，就有可能在时代潮流中被淘汰。本章主要探讨企业内部如何通过打造智能工具赋能员工、推动组织变革，迎接 AIGC 时代的到来。

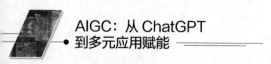

8.1 组织从数字化、云化到智能化 ●●●

传统企业如何拥抱智能时代，是近两年的热门话题。大多数传统企业都需要按照下面三步进行转型，才能够真正实现组织智能化，如图 8-1 所示。

数字化转型 → 云化转型 → 智能化转型

图 8-1　组织转型的三大步骤

从本质上来说，组织转型的三个步骤是层层递进的：第一步对企业所有关键流程和数据进行数字化管理；第二步确保所有的数据都能在云上实现统一访问和管理，提高可用性和安全性；只有在前两步完成的基础上，才能真正实现第三步——组织智能化。

组织智能化和组织开发 AIGC 应用需要的专有数据来自前两步对自有数据的采集、整理和有效管理。

8.1.1　数字化转型：传统企业升级为数字化企业

数字化转型，即将传统的业务、数据和流程转换成数字形式，包括建立数字档案、自动化基本业务流程以及采用数字化工具和系统等。

数字化转型是诸多传统企业近几年的发展方向。这个概念的发展经历了三个阶段。

第一阶段"电子化"：企业的文档、照片等都被扫描为电子文件，以电子形式存储、传输，原有的工作方式没有被改变。

第二阶段"数字化"：把企业的信息、数据、业务流程转换为数字形式。这种转换提升了信息和数据的可访问性、传输速度和存储效率。传统企业可以通过数字化提高运营效率，降低成本，增强竞争力和创新能力。

第三阶段"数字化转型"：以数字化技术和工具为核心，推动企业组织变革，转变业务模式、组织架构以及企业文化等。

大部分传统企业的数字化转型只停留在部署数字化工具的初级阶段，很容易受到员工拒绝变革的态度的影响，原来僵化的流程、缺乏数据管理和分析能力的限制，无法实现突破。

企业的数字化转型要想取得好的成效，必须通过全面、系统地变革管理的方式，把数字化转型当作企业战略去部署。

8.1.2　云化（SaaS 化）：企业的管理上云

对于初步完成数字化的企业来说，能否实现云化，是能否进入下一个转型阶段的核心。云化，也叫 SaaS 化，指的是将数据存储、处理和应用迁移到云平台上的过程，从而提高数据的可访问性、灵活性和安全性。云化使得企业能够将数据和应用程序存储在云服务提供商的服务器上，通过互联网进行访问和管理，而不再依赖于本地的物理服务器或设备。

云化的意义在于，使企业的业务基本实现在线管理，信息充分共享，能够很容易地进行全局的数据整合和分析；企业的大部分数据互联互通，很多业务决策可以基于全局的业务数据完成。

SaaS 化可以使企业的信息、决策更加透明，并且有持续的记录和整合，为智能化奠定充分的基础。我国各个行业的云化程度不一，很多企业的数字化转型在云化这一步都遇到了阻碍。

2023 年，我国 SaaS 市场规模持续增长，很多 SaaS 企业利用自己在行业内的积累，推动行业实现 SaaS 化发展。

IDC（International Data Corporation，国际数据公司）的一项研究报告显示，2022 年我国企业级应用 SaaS 市场规模达 41.6 亿美元，同比增长 26.6%。IDC 预计，到 2027 年，我国企业级应用 SaaS 市场规模将达到 169 亿美元，以 32.4%的复合年均增长率快速增长。

我国 SaaS 行业增长面临的挑战有：缺乏专业化的多年沉淀的行业软件洞察和认知；企业级应用 SaaS 生态系统在国内尚未建立等。随着飞书等一批针对特定行业的 SaaS 公司的出现，这些挑战逐渐被打破。

例如，苏州华瓴科技有限公司（以下简称"华瓴科技"）致力于通过全面布局数字化平台，基于 SaaS 向药品零售相关领域的客户提供持续迭代的经营管理解决方案。其推出的药德 SaaS 系统，针对医药零售企业的各项业务，提供完全符合 GSP 监管标准的 ERP（Enterprise Resource Planning，企业资源计划）产品。

ERP 产品的设计灵感来源于创始团队在行业内近 20 年的专业经验积累，凝结着经验的产品与专业化的咨询服务结合在一起，全国已经有上万家药店和华瓴科技签约，使用其推出的 SaaS 化 ERP 产品。这款产品可以配合飞书等通用的企业内部协作管理平台，让药店的管理水平上升到一个新的高度。

8.1.3　智能化：企业流程再造，智能工具赋能个体

智能化是数字化和云化的进一步发展，重点是利用人工智能、机器学习、大数据等技术实现业务智能化和自动化。组织智能化涉及数据驱动决策、自动化流程、预测性分析、AIGC 等，实质是技术赋能、组织赋能和员工个体赋能有机结合的过程。在这个过程中，组织既是赋能的对象，也是赋能的主体。

打造智能化组织是很多企业进行数字化转型的终极目标。2023 年，ChatGPT 是热门话题之一，很多企业级应用技术厂商纷纷加强与人工智能平台的合作。可以预见，未来，各类企业级应用都会逐渐演变成智能化应用。

中国信息通信研究院（以下简称"信通院"）与联想集团于 2023 年 1 月 11 日共同发布的《中国企业智能化成熟度报告（2022）》显示，我国公共事业、交通、能源等行业的企业智能化成熟度最高；其次是金融行业、建筑行业与流通行业，均高于整体行业均值；专业服务业、制造业的企业智能化成熟度低于均值水平。总体上来看，我国有约 84%的企业处于智能化转型的早期和中期阶段。

但是，在企业级应用领域，企业打造智能化应用不能盲目跟风，而是要以企业的业务需求以及智能工具的赋能对象为前提思考创新方向。企业可以通过以下步骤实现智能化转型，并利用人工智能打造新的运作方式。

（1）确定转型目标。首先，企业需要明确智能化转型的目标和期望取得的成果，如提高效率、降低成本、改善客户体验、创新产品和服务等。

（2）数据整合与管理。AI 依赖大量的数据进行学习和优化，因此企业需

要构建一个有效的数据管理系统，全面收集并整合各个业务部门的数据。

（3）选择合适的 AI 技术。企业应根据自身的具体需求和目标，选择合适的 AI 技术和工具，如机器学习、深度学习、自然语言处理、计算机视觉以及各种 AIGC 工具等。

（4）开发和测试。在这一步，企业应开发符合自身需求的 AI 应用并进行测试。在测试阶段，企业需要不断优化模型，以提升 AI 应用的性能和自身需求的适配性。

（5）培训员工。开发出 AI 应用后，企业应为员工提供必要的培训，以帮助他们接受和更快上手使用 AI 应用。员工应该知道如何与 AI 应用互动，并了解 AI 应用如何帮助他们更高效地完成工作。

（6）部署并持续优化。在 AI 应用得到员工的广泛接受后，企业可以将其部署到实际业务中，并持续收集反馈以对其进行优化。

（7）评估和调整。在 AI 应用投入使用后，企业还需定期评估 AI 应用的效果，确保其始终符合企业的发展目标。如果有必要，企业还需对 AI 应用进行调整、改进。

通过以上步骤，企业不仅可以完成智能化转型，还可以通过人工智能创造新的运作方式，提高生产力，增强决策力，改善用户体验等。例如，使用 AI 应用进行数据分析可以帮助企业更好地理解市场趋势；使用 AI 应用生成内容（AIGC）可以使内容创作自动化，提高创作效率和质量；AI 聊天机器人可以提供 7×24 小时的客户服务，提升客户满意度。

8.2 企业智能化转型的核心挑战 ●●●

企业在进行智能化转型的过程中可能会遇到一些挑战，例如，现有业务通过智能化转型能产生多大的红利？如何管理数据，使数据价值最大化？如何对个人隐私进行保护，确保业务的合规性？下面将回答这些问题。

8.2.1 业务洞察：现有业务的智能化红利分析

企业智能化转型的一个重要组成部分是业务智能化转型。企业的业务和AIGC结合，能够降本增效，给企业发展带来红利。实际上，企业中的很多业务都是通过"AI+人工"的方式实现转型的，如图8-2所示。

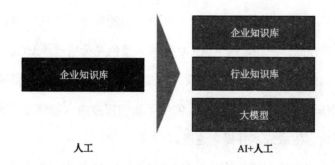

图8-2 通过"AI+人工"实现智能化转型

企业需要结合对业务的洞察，进行业务智能化红利分析。

例如，传统客服的数字化转型如果只是由"人工+企业知识库"完成，需要的成本仍然非常高，主要是人工部分的综合成本较高。但是如果改成由 AIGC 驱动的"智能客服+人工"完成，可以使整体的人工成本降低、客户满意度提升。把成本、客户满意度等数据都量化为金钱，很容易就能计算出业务智能化转型给企业带来的价值。

我国进行内部 AIGC 工具赋能和智能化转型的代表企业蓝色光标于 2023 年 4 月提出"All in AI"的战略，通过与微软和百度形成战略性合作伙伴关系，全面引入 AIGC 工具打造广告创意生产全产业链。

蓝色光标通过"真人+AI 助理"的工作模式，在日常工作场景中高频使用 AIGC 作为生产工具，提升作业效率。例如，在短视频创作方面，使用 AIGC 工具后，产能提升 15%～30%；在推广图片的效果生成、批量修改方面，单位工作时间可以缩短 80%；在调研、分析层面，效率能够提升 20%～30%。

蓝色光标从 2023 年 4 月开始已经全面停止创意设计、方案撰写、文案撰写、短期雇员四类相关外包支出。通过使用 AI 高效处理以往需要外包的业务，蓝色光标每年有望缩减上千万元的外包费用，为后续引入 AI 奠定基础。

蓝色光标利用 AI 赋能内容生产，打造了新的智能内容创作方式，打造了多个爆款广告作品。例如，基于 AIGC 技术，蓝色光标通过"AIGC 基础生成+人工后期"为佳能打造动画，耗时仅几个工作日。AIGC 可以全面赋能创意生成与后期制作，AIGC 与人工结合，催生了新的智能内容创作方式和工作流，可大幅降低内容生成成本并提高速度。

蓝色光标旗下的智能营销助手"销博特"于 2022 年年底发布的 AIGC"创策图文"营销套件可自动生成一体化、自动化的营销策略解决方案。

"创策图文"营销套件是一种新型的 AIGC 内容营销工具，能够助力数字化营销，实现营销内容的在线化、精准化和个性化，为用户提供更加有质感、情感、体验感的新型营销模式。"创策图文"营销套件主要包括以下功能，如表 8-1 所示。

表 8-1　"创策图文"营销套件的主要功能

功能	"创策图文"营销套件
AI 创意生成	创意风暴：通过自然语言处理技术获得启发性短语，捕获创意灵感和火花，整合相关元素之间的关联性进行创意概念推荐 创意罗盘：用户通过目标对象特征和卖点来获得创意启发
AI 策略生成	智能策划：用户输入任务提示，后台在 15 分钟内生成营销策划方案 用户画像：结合行为心理学，通过社群数据和目标用户调研数据一键生成用户画像
AI 图片生成	一键海报：输入关键词或者语句，围绕营销热点一键生成营销海报 创意画廊："康定斯基"抽象画生成平台，根据用户输入的关键词或者上传的图片，一键生成抽象画
AI 文本生成	AI 易稿：基于稿件模板进行辅助性写作 品牌主张：基于品牌调性、品牌名，一键生成定制化的品牌口号 国风文案：基于品牌、调性和核心句子撰写品牌文案

2023 年 3 月，蓝色光标销博特发布"萧助理双子版本"，用户通过与"萧助理"沟通，即可完成广告内容 AI 辅助生成工作。销博特移动端和 PC 端累计用户已突破 10 万。更多专业语料的输入加之更多的交互训练，将不断精进垂直行业 AIGC 模型的服务能力，进行迭代升级。

蓝色光标摸索出的这套智能系统之所以能给自身带来巨大的经济价值，是因为其对广告公司的商业模式进行了深入分析，如图 8-3 所示。

图 8-3　广告公司商业模式的内在逻辑

对于广告公司来说，提高利润的关键在于扩大返点差、增值服务、提高收入和降低成本。返点差主要取决于广告投放的规模和新媒体资源的拓展；增值服务的质量主要取决于创意内容生产的质量和速度；成本控制要靠创意内容的质量和投放人员能力的提升。因此，通过提高内容生产的质量和效率，可以大幅提高利润水平。

2023 年上半年，蓝色光标的利润增长 33 倍，其中 AIGC 工具的贡献十分突出。蓝色光标对自身商业模式的核心要素进行分析，抓住组织智能化带来的红利和降本带来的价值，给其他想进行智能化转型的企业树立了一个标杆。

8.2.2　数据管理：当数据成为核心竞争力

当企业开始进行智能化转型后，企业的核心竞争力会发生变化。

基于同样的大模型底座打造出来的智能系统，差异在哪里？主要在于企业的自有数据。将数据作为竞争力的传统做法是用企业沉淀的数据打造企业的知识库，并将其作为提升员工业务能力的法宝，增强企业的知识壁垒。在这样的传统做法下，实际上大量的数据处于未被充分利用的状态。

在企业智能化转型过程中，数据的作用主要体现在以下几个方面，如图 8-4 所示。

（1）辅助决策。通过对大量数据的分析和挖掘，企业管理者可以获得前所未有的洞见，做出更明智的决策。我国最大的本地生活服务电商企业美团通过对其拥有的大量用户行为数据进行分析，不仅向用户提供了更加精准的定制化服务，而且能够预测食品销售情况，帮助餐馆合理备货，避免浪费。

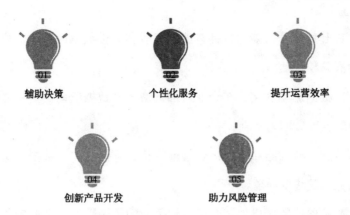

图 8-4 数据的作用

（2）个性化服务。通过收集和分析用户行为数据，企业能够向用户提供个性化的产品和服务，满足用户的特定需求，从而获得竞争优势。例如，音乐流媒体服务提供商 Spotify 通过分析用户听歌习惯和喜好，为其提供个性化歌单推荐，极大地改善了用户体验。

（3）提升运营效率。数据可以帮助企业发现运营中存在的瓶颈和问题，并帮助企业明确优化的方向，提高企业整体的运营效率。

（4）创新产品开发。通过数据分析，企业可以了解市场上真正的需求，并据此开发符合市场需求的新产品或者改进现有的产品。例如，Netflix 使用大数据技术分析用户观看习惯，预测哪些类型的内容较受欢迎，据此进行内容产业投资。这使得 Netflix 在原创内容方面取得了巨大成功。

（5）助力风险管理。通过对数据进行分析，企业可以预测并评估潜在的风险，从而采取措施来规避风险。

然而，仅拥有大量的数据，企业还无法构建强大的竞争力，企业还要做好以下几个方面。

（1）数据质量管理：确保数据的准确性、完整性和一致性。

（2）提升数据分析能力：拥有能够理解和分析数据的人才，将数据转化为实际的洞见和行动。

（3）以数据驱动文化：在企业内部营造一种数据驱动决策的文化氛围，让决策的制定以数据为基础。

（4）数据安全与隐私保护：合规地收集、存储和使用数据，保护用户的隐私，以免引发法律问题。

以上都是促使数据成为企业核心竞争力的关键因素。企业应注重数据的收集、管理和使用，以便在智能化转型过程中获得更大的优势。数据资产化是企业数据管理的一项重要原则，具体来说，就是企业要对与企业相关的各种数据进行统一规划和管理。

企业中的数据可以分为以下类型，如表 8-2 所示。

表 8-2　企业数据的主要类型

分类标准	数据类型	定义以及特征	举例
数据治理常用数据类型	元数据	描述数据的数据（标签），描述了数据（如数据元素、模型）、相关概念（如业务流程、应用系统、软件代码、技术结构）以及它们之间的联系	实体型组织、客户、人员基本配置等数据
	主数据	描述企业核心实体的一组一致而统一的标识符和拓展属性，实体可包括现有或潜在客户、产品、服务、供应商、层次结构和会计科目表等	数据标准、业务术语、指标定义
	实时数据	是在收集后立即传递的信息，所提供信息没有延迟	实时 OLAP 场景下的数据
按照数据格式分类	结构化数据	可以存储在传统关系型数据库中，用二维表结构来表达、实现的数据	Excel 表格、SQL 数据库里的数据
	非结构化数据	形式相对不固定，不方便用数据库二维逻辑来表现的数据，通常存储在非关系型数据库中，数据量通常较大	文本、图片、HTML、各类报表和音频、视频
	半结构化数据	介于结构化与非结构化之间，可以通过灵活的键值调整获取相应信息，数据的格式不固定	日志文件、XML 文档、JSON 文档等

续表

分类标准	数据类型	定义以及特征	举例
按照数据来源分类	企业内部数据	在企业的业务流程中产生或在业务管理规定中定义的数据，受企业经营影响	合同、项目、组织
	企业外部数据	企业通过公共领域合规获得的数据，其产生、修改不受公司影响	国家、币种、汇率

在搭建数据智能体系时，企业可以参考以下思路。

（1）面向内部客户，以赋能内部员工、提高业务效率为目标。

（2）做好元数据、主数据、实时数据的关系管理，提高数据治理程度，保障数据质量和安全。

（3）优先打造复用性高的能力，如数据提取的速度、治理平台、数据中台、数据开发平台等。

（4）建设的标准为：稳定、容易运维、可运营、可审计。

8.2.3　安全和隐私管理：用户个人隐私保护对企业的要求

互联网时代的内容创作经历了 PGC、UGC、AIGC 等阶段。作为内容创作的全新方式，AIGC 具有高效性、创造性、多样性、通用性等特点。然而这些特点依赖于对大量已有数据进行学习和模式识别，由此引发了数据非法获取、数据泄露及恶意滥用等数据安全问题。

例如，AIGC 模型可能采用用户数据作为训练数据，也有可能包含敏感信息；在和 ChatGPT 对话的过程中，用户可能被要求输入个人隐私信息、业务数据、商业密码等，有数据泄露的风险。这些问题引起了各国监管部门的极大关注。

针对 AIGC 应用使用过程中的商业数据被滥用、个人隐私泄露等问题，一些国家已经出台相关法律。例如，英国信息专员办公室于 2023 年 3 月发布了有关人工智能和信息保护的新指南，美国向公众征求关于人工智能系统的潜在问责措施的意见。

2023 年 7 月，我国中央网络安全和信息化委员会办公室等七个部门联合公布了《生成式人工智能服务管理暂行办法》（以下简称《办法》），于 2023 年 8 月 15 日起施行。《办法》中包含使用 AI 生成内容不得侵害他人肖像权，应对 AI 生成的图片、视频进行标识等具体规则。

如何用技术手段解决 AIGC 面临的安全和隐私问题呢？答案是将隐私计算、区块链等新兴技术和 AIGC 结合使用，如图 8-5 所示。

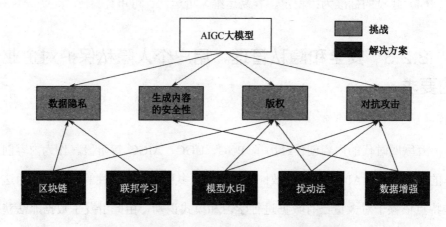

图 8-5　应对 AIGC 产生的安全隐私问题的解决方案

在 2023 年"世界人工智能大会"期间，中国信息通信研究院、上海人工智能实验室、武汉大学、蚂蚁集团等多家单位共同发起《AIGC 可信倡议》。该倡议围绕人工智能可能引发的经济、安全、隐私和数据治理等问题，提出构建 AIGC 可信发展的全球治理合作框架，采用安全可信的数据资源、技术框架、计算方法和软件平台等全面提升 AIGC 可信工程化能力，最大限度确保生成式 AI 安全、透明、可释。

　　未来，支撑 AI 安全的底层技术会发挥更大的作用。在保证数据流转安全性的前提下，隐私计算等技术的普及应用，会使云主机等基础服务转变成 SaaS 服务，迎来 AIGC 企业级应用的大爆发。

8.3　企业智能化转型需要变革管理

　　无论组织在哪一层面进行转型，都需要变革管理。智能化转型是战略层面的转型，是一项复杂且重要的工作，因此，更需要进行全方位的变革管理。变革管理的重点有三个：人的转型和升级、组织架构的变革、商业模式的创新。下面对这三个方面进行详细讲述。

8.3.1　人的转型和升级：转变管理思想，启用数字人才

　　变革管理面临的一大挑战是人的思想的转变。员工理解人工智能、接受人工智能，是一件有挑战的事情。因为员工希望人工智能能够帮助他们更轻松地工作，而不是取代他们。

　　在变革管理的过程中，企业应帮助员工与人工智能合作，让员工可以用新的方式创造更多价值。这样，虽然他们的一部分工作被人工智能取代，但他们的新工作价值更高、更有意义。

波士顿咨询公司发布的一项调查报告显示，企业员工对人工智能在企业中的应用感到好奇、乐观和自信，并且随着时间的推移变得越来越自信。对于许多员工来说，他们的感受都基于已有的经验。

调查发现，虽然生成式人工智能应用的典型代表 ChatGPT 在 2022 年 11 月才推出，但已经有 26% 的员工每周都使用几次生成式人工智能，而 46% 的员工至少已经尝试过一次。

该项调查调研了全球上万名大型组织的一线员工、经理和领导对人工智能的感受：61% 的人将好奇列为他们最强烈的两种感受之一，52% 的人将乐观、30% 的人将担忧和 26% 的人将自信列为最强烈的感受之一。而且，员工使用人工智能工具越多，他们就越不担心，对其态度就越乐观。

尽管该项调查发现大部分员工对人工智能持有乐观态度，但有一些调查对象认为他们的工作可能会被人工智能淘汰，希望政府能够介入并出台针对人工智能的法规，以确保其被负责任地使用。

针对上述发现，在智能化转型过程中，企业可以采取下面这些有效的策略进行变革管理，如图 8-6 所示。

（1）明确人才需求。首先，企业需要明确转型过程中所需的关键技能和能力。这些可能包括数据分析、人工智能、云计算、机器学习等专业技术，也可能包括项目管理、创新思维、变革管理等软性技能。

（2）建立培训体系。企业应该建立起一套全面的培训体系，通过内部培训、外部研讨会、在线课程等方式，帮助员工掌握必要的知识和技能。

（3）引进高级人才。对于一些高级或特殊的技能，企业可能需要引进外部人才。这包括从其他公司挖墙脚，与高校、研究机构建立合作关系，以吸引优秀的毕业生和研究人员。

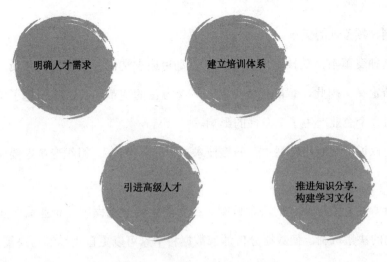

图 8-6　企业进行变革管理的策略

（4）推进知识分享，构建学习文化。企业应鼓励员工分享知识和经验，促进员工持续学习和自我提升，使组织内部构建起积极向上的学习型文化。具体来说，企业可以规定学习时间、定期开办分享会、推行导师制度等。这些措施有助于加速整个组织的学习进程。

8.3.2　探索组织架构的变革：智能化、柔性化组织管理

智能化转型是运用 AI 技术对组织和业务进行全面重构的过程。这种转型不仅涉及产品和商业模式的改变，还包括服务流程、组织架构、渠道与供应链的整合、商业模式等方面的数字化再造。

然而，企业的智能化转型远非只是对产品和商业模式的简单重构。在这一过程中，组织的边界逐渐变得模糊，组织变得更为扁平化、平台化和生态化。智能化转型不仅是对产品和服务的改变，还涉及对整个组织和业务流程

的深刻、颠覆性的变革。

这种变革不仅是技术上的更新，更是对组织文化、领导方式和员工角色的重新定义。因此，智能化转型是一场全方位的变革，其影响超越了单一领域，对整个企业产生了革命性的影响。

可以说，智能化转型"三分靠技术，七分靠组织"。组织变革主要包括以下内容。

（1）建立数据驱动的决策机制。在智能化转型过程中，企业需要建立数据驱动的决策机制，使数据分析师或数据科学家可以更直接地参与决策过程。

（2）创建跨部门的项目团队。为了推动项目智能化发展，企业需要创建成员包含 IT、业务、数据等不同领域专家的跨部门的项目团队。

（3）设立数字化或智能化职能部门。例如，设立数据部门、AI 实验室等，由专门人员负责智能化技术的研究、开发和应用。

（4）调整职位和角色。企业可以根据新技术、新业务的发展需求，调整现有的职位和角色，甚至可以创建新的职位，如数据治理经理、AI 产品经理等。

（5）扁平化管理。智能化转型会使决策更加快速、灵活，因此，企业需要采用扁平化的管理结构，减少决策层级。

（6）强化网络协作。企业可以利用数字工具和平台，强化不同部门、不同地点的员工之间的协作。

每个企业的具体情况有所不同，因此在进行组织架构变革时，需要根据自身的战略目标、业务需求、文化特性等因素来制定适宜的方案。并且需要注意，组织架构的变革是一个循序渐进的过程，需要持续调整和优化。

例如，为了推进数字化、智能化转型，安利（中国）于 2020 年年底成立了营销人员赋能中心，促进安利营销人员在社交电商环境下转变思维，加速营销人员数字化展业能力的迭代，以及新能力体系的搭建。

安利中国以营销人员展业模式探索、核心能力拆解、小范围试点，以及规模化赋能为主要责任，为营销人员提供思维转变、能力升级、展业新方法与工具等方面的精准赋能方案，致力于帮助营销人员更容易地获取新顾客、更轻松地展业。

这样的创新型部门以及高效的数字化社群工具和内容全面赋能营销人员的展业全过程，成功推动了整个企业的转型。从 2020 年开始，安利中国业绩连续三年重回增长轨道，95%的销售业绩来自线上。

可以说，企业智能化转型要想在组织内落地，需要对组织架构进行持续的调整和改进。

8.3.3　商业模式的创新：解锁全新商业模式

AIGC 的出现，解锁了服务客户的新的可能性，为企业进行创新提供了利器。越来越多的企业抓住机遇，探索全新的商业模式。

例如，SaaS 公司 Salesforce 利用人工智能改变传统的商业模式，具体表现在以下几个方面。

（1）从产品到服务。Salesforce 将传统的 CRM（Customer Relationship Management，客户关系管理）软件转变为云端服务，用户无须购买和安装软件，只需要按需付费，就可以随时随地使用。这种 SaaS 服务模式，大幅降低了客户的初始投入和运营成本。

（2）智能化服务。Salesforce 在 2023 年发布了名为"Einstein"的 AI 产品，帮助企业在传统的 CRM 软件的基础上进行销售预测、市场细分、客户服务自动化等，大幅提高了使用效率和服务的智能性，还能够优化决策、改善客户体验。

（3）生态系统构建。Salesforce 建立了全球开发者社区，允许第三方开发者在其平台上开发和销售应用，尤其是最新的智能应用。这种"平台+生态"的模式使 Salesforce 的功能不断丰富，为第三方开发者提供了新的商业机会。

这样的新商业机会在出现 GPT 这样的人工智能技术突破之前是不可想象的。当有了这样的技术，在任何一个领域拥有足够用户资源的"在位者"都有很多机会扩大自己的商业版图、巩固自己的领先地位。未来，新的商业模式可能会层出不穷。

创业公司同样拥有很多机会，当自己所在的行业的领先者没有积极创新、拥抱变化时，创业公司可能会以"黑马"之势跃居行业第一梯队。

在金融行业，美国人工智能与个性化金融科技服务综合平台公司 Tifin 推出的产品 Magnifi 利用 ChatGPT 和自有的 AI 引擎给顾客提供个性化、数据驱动的投资建议。AI 机器人不但能够像真人一样回答顾客的问题，还能自动监控投资组合的业绩，指导用户关注可能引起市场波动的投资机会，如利率变化、财报的发布。

为了了解和评估 Magnifi 的具体表现，以及其能否与专业顾问进行竞争，有媒体对其进行了测试。具体测试内容如下。

测试者问："巴菲特会买什么股票？"Magnifi 回答了对巴菲特的价值投资理论的解释，并罗列了这位"奥马哈先知"所有持股中占比较大的几只股票：美国银行、苹果和可口可乐。然后，Magnifi 还比较了这三只股票在过去一年中的回报和波动情况。

测试者在第二个问题中询问自己目前持有的亚马逊的股票，该如何度过即将到来的财报季。Magnifi 向测试者展示了华尔街分析师对亚马逊的盈利预测，以及亚马逊在过去几个季度的业绩表现。

这款产品商业模式的创新在于，随着使用者越来越多，收集到的反馈越多，聊天功能会表现得越来越好，给出的建议质量越高，越符合使用者的个性化需求。这款产品改变了以前的产品收费模式，收取 14 美元的月费，不会再从每笔订单和交易中收取佣金，和传统的互联网券商的佣金模式有着本质上的不同。

总体来说，AIGC 引领了一场商业模式的革命。无论是 B2C（Business to Consumer，企业对消费者）还是 B2B（Business to Business，企业对企业），无论是产品型企业还是服务型企业，都可以获得新的商业机会。

这场商业模式革命的核心点在于，AIGC 可以帮助企业提供个性化的服务，也就是所谓的"Segment of One"（每个用户就是一个目标客户群）。这种模式下，每个人都可以获得个性化的产品和服务，极大地提升客户满意度。

在传统模式下，信息的获取和服务的交付是两个完全独立的商业流程：对用户喜好、行为的了解，无法和提供的标准化产品或服务无缝衔接。在智能化时代，这两个流程被打通，实现了"人人皆为 VIP"。

上篇
中篇
下篇

第 9 章

行业探索：AIGC 技术赋能行业转型

AIGC 技术的应用前景广阔，能够应用于多个行业，促进行业发展。AIGC 技术应用于资讯行业，可以提高资讯创作和传播效率；AIGC 技术应用于教育行业，可以辅助教师备课和教学，缓解教师压力，提高学生的知识吸收率；AIGC 技术应用于娱乐行业，能够颠覆用户的游戏体验，助力音视频内容创作；AIGC 技术应用于金融行业，能够提升金融服务质量。

9.1　资讯行业　●●●

在资讯行业，AIGC 主要应用于两个方面：一是融入资讯内容制作的多个环节中，提高资讯内容制作效率；二是赋能虚拟主播，推动资讯内容进一步传播。

9.1.1　AIGC 融入资讯内容制作多环节

AIGC 技术在资讯行业的使用范围十分广阔，包括内容采编、采访录音转文字、内容制作等，能够有效提高资讯内容的质量和制作效率。

AIGC 技术能够用于内容采编。AIGC 可以对需要的信息进行采集，从而减轻工作人员的负担。例如，AIGC 可通过分析大量的新闻了解相关内容，从而自动发现热点信息并进行报道。

AIGC 技术可以用于采访录音转文字。科大讯飞曾发布一款"讯飞听见会写"软件，该软件能够实现录音转文字，并支持用户导入音频。AI 会在分析内容后生成多样化文本，包括文本摘要、工作计划、宣传文案等，十分方便。

在内容制作方面，AIGC 可以实现对信息的精确检索、收集。目前，AIGC 撰稿工具能够实现对海量数据的迅速检索，并在短时间内生成新闻内容。对于股市、体育赛事等对时效性要求比较高的新闻，AIGC 撰稿工具能够做到及时生成新闻内容，仅需编辑审核就可以发稿，减轻了编辑的工作负担，提高了编辑的工作效率。

利用 AIGC 技术进行新闻稿生成已经在新闻机构中得到应用。国外的纽约时报、彭博社等早已将 AIGC 技术应用于新闻稿生成。国内一些新闻机构也进行了相关探索，如新华社推出写稿机器人"快笔小新"，阿里巴巴与第一财经联合推出写稿机器人"DT 稿王"，南方都市报推出写稿机器人"小南"等。

市场中的写稿机器人不断涌现，功能越来越强大。例如，写稿机器人"小南"在诞生时专注于民生报道，随着 AIGC 技术的发展、知识库数据的积累，其写作能力逐步增强，能够驾驭更多的文体，生成的内容逐步扩展到天气预报、财经等领域。

9.1.2　AI 虚拟主播促进资讯内容传播

上篇
中篇
下篇

除了在资讯内容制作方面得到应用外，AIGC 技术在资讯内容传播方面也可以发挥作用。其主要表现就是 AI 虚拟主播开始走进演播室，成为资讯内容传播的主体。

例如，新华社推出了虚拟主播"新小微"，其可以以虚拟数字人的形象在虚拟演播室中完成各种新闻播报工作。"新小微"不仅外貌栩栩如生，还能够灵活地做出各种动作。作为 AI 驱动的虚拟主播，"新小微"的功能很强大，例如，依据输入的文本内容，"新小微"能够自动播报新闻，并且表情、动作自然。

除了新华社外，中央广播电视总台、湖南电视台等很多传媒机构都推出了虚拟主播。这些虚拟主播可以自动完成新闻播报工作。为什么传媒机构如此看好虚拟主播？相较于真人主播，虚拟主播有两大特点。

（1）虚拟主播可以进行全天候直播。在现实中，真人主播长时间工作会感到疲惫，有可能出现口误。而虚拟主播可以全天候待命，不会疲惫，不会口误，能够根据工作需要高质量地完成工作。

（2）虚拟主播可以完成多语种播音工作。在资讯行业中，可以进行多语种播报的主播属于稀缺人才。而虚拟主播在 AI 技术的支持下，可以更轻松地进行多语种播报。科大讯飞曾推出一个能够进行中文、英语、日语、韩语等多语种播报的虚拟主播"小晴"，其能够单独完成多语种播报工作。这样的虚拟主播能够极大地节省新闻播报的人力和物力。

此外，虚拟主播除了可以完成新闻播报工作外，还能够从演播室中"走出来"，成为新闻记者、综艺晚会主持人、电视台形象代言人等，职能不断拓宽。例如，浙江卫视虚拟主播"谷小雨"除了是一名虚拟主播外，还是浙江卫视宋韵文化推广人，曾参加世界互联网大会、浙江卫视跨年夜晚会等活动，成为浙江卫视的一员。

9.2 教育行业 ●●●

在教育行业，AIGC 的变革主要表现在三个方面：一是变革教学模式，有效提高教师的生产力；二是催生 AI 助教，能够帮助学生自主学习；三是推动 AI 智能教育的发展，帮助学生进行个性化学习。

9.2.1 变革教学模式，提高教师的生产力

教育资源短缺一直是教育界的难题，优秀的教师更是非常稀缺的资源。

如何使教师在有限的教学时间内所覆盖的学生数量和教学质量得到提升，是教育行业一个很重要的议题。

AIGC 技术应用于教育行业，能够变革教学模式，在提升教学质量的情况下减轻教师负担。AIGC 技术能够帮助教师从重复、耗时耗力的工作中解放出来，如教案撰写、课件准备、练习题的搜索、作业与试卷的批改等。

在课前准备方面，AI 强大的总结功能能够基于大批量的前沿学术研究报告、教材和相关多媒体资料，完成全面而高效的资料整理，生成教案和课件内容，并为教师提供教学灵感和思路，更具创意地帮助教师讲授知识。

除了课前准备之外，AI 辅助下的作业、试卷等的批改和讲解均能大幅提效。AI 能够快速对需要教师主观判断的内容给出建议，协助教师高效阅卷。一些 AI 甚至能直接批改作业、阅卷，教师抽样检查即可。批改结果的录入和分析均可由 AI 完成，无须占用教师的时间。

AI 替代教师完成这些基础工作或辅助教师完成这些基础工作，能极大地节约教师时间，使教师能够把更多的精力投入教学工作中。

在学校实现数字化升级的情况下，AI 可以成为教师教学过程中的助手。例如，及时了解学生的问题并给出回答；分析学生和教师的互动，发现教学过程中的疏漏、可改进之处；帮助教师明确学生理解程度较低的章节和知识点、学生已经熟练掌握的知识等；在课后针对课件和教学流程给出建议，从而优化下一次教学。

随着大模型、数字人、对话生成及其他相关技术不断发展与成熟，AIGC 将会实现对优秀教师的复制，能够有效解决师资紧张的问题。

目前，教育行业已经有多个 AIGC 应用出现，如好未来的数学大模型 MathGPT、网易有道的 AI 教育模型"子曰"、拓世科技的拓世 GPT 等，并且都在朝着与教育行业深度融合的方向发展。

可以预见，AIGC 技术的发展及其带动的一系列技术的进步，将为教育行业带来长足、深远的变化。

9.2.2　AI 助教：学生自主学习的好帮手

生成式 AI 的一个典型应用便是数字助手。例如，在编程领域，数字助手已经得到广泛应用；在教育行业，从点读机开始，针对学生的各类助理型设备不断地涌现。

移动互联网的发展，让有限的设备存储空间被更大的网络空间所替代。由此，从只能在有限的范围内进行教学，发展到用户可以主动发起学习任务并在数据库中完成课程匹配。而后又发展出作业帮、小猿搜题等互助式学习平台，将问题和懂答案的人进行匹配。而 AI 助教则将问题和懂答案的机器进行匹配，助力用户实现更高效的自主学习。

AI 助教在教育行业的应用方向有三个：一是自适应式学习，AI 助教可以为用户提供个性化课程学习路径，通过对话判断用户的学习进程，智能生成教学内容，帮助用户巩固知识点，并且根据学习进度为用户生成练习题，如科大讯飞学习机、Quizlet、Cousera 等；二是智能答疑，AI 助教能够准确地回答用户提出的学习问题，如小猿作业本、MathGPT 等；三是结合虚拟现实技术、增强现实技术、AIGC 技术，AI 助教可以完成内容创作，为用户提供沉浸式的学习体验，如 Labster。

目前，AIGC 对用户学习水平的判断仍处于初级阶段，多模态内容生成不足以支撑教学任务，且 AR 和 VR 的发展不足以支撑 AI 助教实现大范围应用，因而目前应用较为广泛的是智能答疑类 AI 助教。

从学科上来看，在语言教学上，AI 助教已经能够达到一定的准确度。而在理科，如数学、物理等科目上，AI 助教还无法达到人类教师的教学水平。目前，AI 助教大多采用外挂向量数据库的方式来提升自身的数学能力，但这只能解决有限范围内的问题。如何让 AI 助教学会解决大部分数学问题，是 AIGC 在教育领域应用的一道难题。

9.2.3　AI 智能教育，打造个性化学习的新范式

个性化学习，即因材施教。这是一个教育界老生常谈，但一直未能得到有效解决的问题。在师资短缺情况下，通常教师无法兼顾所有学生的个性化学习需求，也无法为其设计出个性化的学习和成长路径。

如何提高教师在教学过程中对学生个体的关注度以及实际操作的可能性和效率，是个性化学习的难点。而 AI 工具给这一现状带来的改变，正在悄然发生。

在深度结合数字化设备和 AI 工具的情况下，从每堂课到整个学期的课程，乃至跨年级的课程，AI 可以通过记录学生的课堂表现、与老师和其他同学的互动，并结合学生在作业和考试等方面的表现，以及学生在德智体美劳等多个方面的发展情况，综合性地对每个学生进行分析，从而给出有针对性的教学建议。

AI 可以结合大数据分析学生的兴趣爱好，包括喜欢的学科、对视觉教学或听觉教学的偏好、对教学方式的偏好等；识别学生可能擅长的学科或者领域；监测学生的学习进度和适应能力，给出多维度的教学建议。

结合 AI 给出的教学建议，教师可以做出适应性调整，更高效地挖掘学生的个性化需求和存在的问题，提高学生个体受到的关注度，让个性化的学习、成长成为可能。在这一过程中，AI 还可以深度参与到互动答疑、课堂外学生主动学习等过程中，为学生学习提供多方面的辅助。

目前的 AIGC 水平和其他数字化设备的能力还不足以支撑学生个体在学习方面实现深度个性化，更多的还是在一个大范围内做出一些小的变化。例如，在某个特定年级内，按照一定的逻辑链条，有限地、有针对性地调整教学进度。

虽然距离真正实现因材施教还有很长的路要走，但 AIGC 技术在教育领域的应用已经迈出坚实的一步。AI 智能教育是教育领域的发展趋势，在如今技术高速迭代背景下，相信真正实现因材施教距离我们并不遥远。

9.2.4 综合性产品：基于 AIGC 打造教育新产品

在 AIGC 技术发展火热的当下，不少企业都在探索 AIGC 与自身所在行业结合的可能性，并抓住这一机遇打造新产品。

许多企业尝试打造综合性产品，即通过一款产品实现更多功能。在教育领域，常见的综合性产品是兼顾自适应学习和智能答疑功能的产品。例如，在线教育公司王道科技的 Class Bot、科大讯飞的学习机等均是综合性产品。这类产品可以帮助学校和学习机构创建在线学习课程，以自适应学习的方式提升学生的学习体验。

例如，王道科技研发的产品 Class Bot 是一款学习辅助工具，主要有三个功能，分别是自动生课、智能助教和自适应学习。这些功能能够为在线教育提供助力，包括课程准备、自主学习、智能助教和智能测评等。

自动生课是 Class Bot 的一项重点功能。自动生课功能采用 AIGC 同源技术，可以将内部学习材料与网上的学习资料整合，标注出学习要点，自动生成课程提纲和测评试卷。同时，Class Bot 配有智能助教，起到班主任的作用：可以为学生答疑，记录学生的学习进度；批改学生的试卷，评估学生的学习效果。

在自适应学习方面，学生能够进行个性化学习，对个人学习笔记进行管理，根据自己设定的学习进度完成课程。知识吸收能力弱的学生可以提前学习课程，在课后可以反复巩固，使自身的学习更加高效和精确。

王道科技计划在 Class Bot 产品研发完成后，采取 SaaS 模式对它进行推广。Class Bot 基于先进的 AIGC 技术，能够帮助用户搭建线上课程体系，提升企业员工的专业技能。在 Class Bot 平台中，企业可以打造专属的个性化"教官"，对企业培训内容进行规划，提高企业员工培训的效率。

在应用场景方面，Class Bot 将东南亚地区作为首选。东南亚地区的初创企业较多，且这些企业内部还未形成完整的培训体系。王道科技可以借助 Class Bot 为这些初创企业提供标准化的知识输出体系，助力企业高效地进行员工培训和知识输出。

虽然这些综合性产品仍有缺陷，在一些细分领域仍有大量未解决的问题，但 AIGC 技术在教育领域的应用已经有很多有价值的成果。未来，随着更多资金与人才流入 AIGC 领域，AIGC 给教育行业带来的变革会更加深刻。相信 AIGC 技术在线上教育行业的常态化应用将是这场变革的第一个里程碑。

9.3　娱乐行业

AIGC 赋能娱乐行业主要表现在三个方面：一是赋能游戏内容创作，使游戏 NPC（Non Player Character，非玩家角色）更加智能；二是赋能音频内容创作，提高音频生产效率；三是赋能影视内容创作，为用户提供更多优质内容。

9.3.1　颠覆游戏体验：游戏 NPC 更具智能

游戏行业是娱乐行业的重要组成部分，为了保持对用户的吸引力，游戏行业需要进行持续创新。而 AIGC 在游戏领域的应用，能够加速游戏创新，带给用户更加新奇、沉浸的游戏体验。

以游戏 NPC 为例，NPC 是游戏中不可或缺的一部分。而 AIGC 的应用能够提升游戏 NPC 的智能性和真实性，提升游戏的交互性，为用户带来多重体验。

基于 AIGC 技术的赋能，游戏 NPC 可以生成自然、流畅的对话，与用户进行更加真实的交流，增强游戏的互动性与故事性。根据用户的游戏数据，AIGC 技术能够对游戏剧情和难度进行动态调整，为用户提供更加个性化的游戏体验。

例如，战争沙盒游戏《骑马与砍杀 2：霸主》引入 ChatGPT 作为 MOD（Modification，修改）模组，让游戏 NPC "活" 了过来。游戏 NPC 颠覆了传统

的聊天方式，能够对用户输入的文字给予实时反馈，和用户进行交互式对话。同时，NPC 能够依照自身的人设，向用户讲述自己知道的事情。用户可以和 NPC 谈判道具的价格、了解制造道具花费的材料等，提升了游戏的趣味性。

网易也在游戏 NPC 方面进行了相关探索，提升了 NPC 的智能性。2023 年 2 月，网易宣布将在《逆水寒》中推出游戏版 ChatGPT，支持智能 NPC 与用户自由互动，并根据互动的内容，给出不同的行为反馈。根据互动程度不同，用户与 NPC 建立的关系也不尽相同，可能成为仇人、知心朋友或伴侣。

NPC 之间也会互相交流。如果用户给 NPC 讲述一个故事，那么 NPC 有可能将用户的故事讲给其他 NPC，不久后，可能整个游戏世界中的所有用户和 NPC 都知道这个故事。在"逆水寒 GPT"的助力下，智能 NPC 将会构成巨大的关系网络，用户的一个小行为可能就会触动这个网络，引发蝴蝶效应。

智能 NPC 的人设都是大宋江湖中人，训练数据大多是武侠小说、诗词歌赋，能够避免出戏。同时，智能 NPC 是有"灵魂"的，如果用户在对战时说"你家着火了"，那么 NPC 就会赶回家救火；如果用户曾经给予 NPC 帮助，那么与 BOSS 对战时，NPC 可能会从天而降为用户挡下伤害。《逆水寒》中的每个 NPC 都具有成长性，如果用户能够积极与智能 NPC 互动，将会产生更多的故事。

未来，"逆水寒 GPT"将会应用于《逆水寒》的多个环节，为用户带来更加优质的游戏体验。

9.3.2 音频内容创作：企业加深 AIGC 音乐创作探索

由于 AI 音乐具有专业性，因此发展速度较为缓慢，而 AIGC 的出现极大地促进了 AI 音乐的发展。具体来说，基于大模型技术的支持，AI 基础设施不断完善，AIGC 生成音频成为可能。

例如，谷歌利用自然语言处理生成方式对音乐生成模型进行训练，推出了 AI 音乐生成模型 MusicLM。AI 音乐的创作相对复杂，需要音色、音调、音律等元素相互作用，没有经验的用户利用 AI 模型进行音乐创作不是一件容易的事。

在谷歌推出 MusicLM 之前，OpenAI 推出的音乐生成软件 Jukebo 已经能够生成音频。但 Jukebo 只能创作出相对简单的音乐，无法创作出高质量、复杂的音乐。如果想要实现真正意义上的音乐生成，就需要利用大量的数据对大模型进行训练。而 MusicLM 能够利用大量的数据进行训练，创作出复杂的音乐。

用户只需要在 MusicLM 中输入文字或音符，其便可自动生成音乐，并且曲风丰富。MusicLM 还能够通过图像生成音乐，《星空》《格尔尼卡》《呐喊》等著名画作都能够作为生成音乐的素材，实现了 AI 音乐生成领域的重大突破。

MusicLM 还能够依据用户提供的抽象概念生成音乐。例如，用户想要为一款战略型游戏配一段音乐，可以输入自己的要求"为战略型游戏配乐，节奏紧凑"，MusicLM 便会生成相应的音乐。

腾讯也在 AIGC 音乐生成领域进行了探索。腾讯以"TME Studio 音乐创作助手"与"音色制作人"两款应用推动了 AIGC 与音乐领域的融合发展。TME Studio 音乐创作助手是腾讯音乐推出的辅助创作工具，主要有四个功能，分别是音乐分离、MIR 计算、辅助写词和智能曲谱。

音乐分离能够分别提取音乐中的人声以及鼓声、钢琴声等乐器声。MIR 计算能够基于对音乐内容的理解与分析，识别音乐中的各种要素，包括节奏、

上篇

中篇

下篇

节拍、鼓点等。该功能能够挖掘音乐中的深层信息，使 AI 更加了解用户。辅助写词是一款作词工具，能够通过多种语料素材，帮助用户找到合适的词汇，为用户提供创作灵感。智能曲谱能够为歌曲生成其他曲谱。用户只需要上传音乐，TME Studio 音乐创作助手便可生成曲谱。

腾讯借助旗下音乐应用酷狗音乐推出了音色制作人产品，为音乐领域注入了全新活力。音色制作人的使用十分简单，用户只需输入声音，其便能够对用户的声音进行学习，并借助 AI 生成专属的音色，进行歌曲制作。用户还可以调整生成的歌曲的参数，使歌曲更加动听。

音色制作人还能够实现 AI 跨语种录制歌曲。不会粤语的用户演唱粤语歌曲时需要反复练习，但是音色制作人的 AI 粤语歌曲玩法能够使用户成为"语言天才"。用户可以按照软件的提示录入普通话歌曲，便于软件收集其音色。之后，用户可以选择喜欢的粤语歌曲并进行合成，一首由用户"演唱"的粤语歌曲便制作完成了。

AI 唱粤语歌的功能由凌音引擎提供技术支持。凌音引擎采用了深度神经网络模型，对多位歌手的发音特点进行学习，使不会粤语的用户也可以"演唱"粤语歌曲。

音色制作人不断在玩法上进行创新，使许多用户享受到了科技带来的乐趣。腾讯借助 TME Studio 音乐创作助手与音色制作人两款产品，强化了自身在音乐领域的优势，探索出了一条适合自己的发展道路。

对于音乐创作者来说，搭载大模型的 AIGC 应用可以帮助他们提升创作效率。一首音乐的产出过程十分复杂，除了创作外，还需要拍摄 MV、宣传推广等。而 TME Studio 音乐创作助手能够简化音乐生产过程，提高音乐创作者的工作效率，降低生产成本。

同时，搭载大模型的 AIGC 应用能够为用户带来更多新奇的音乐体验。音色制作人功能丰富且具有新意，能够激发用户的好奇心，留存大量用户。音色制作人具有极强的共创性与交互性，能够为用户提供更多价值。

腾讯音乐在大模型领域不断探索，其旗下天琴实验室的 MUSELight 大模型推理加速引擎发布了 lyraSD、lyraChatGLM、lyraBELLE 三款开源大模型的加速版本，能够帮助开发者缩短开发时间，降低开发成本，助力音乐应用的研发。

总之，AIGC 技术将对音乐行业产生深远影响，为音乐创作者进行音乐创作提供辅助，提升音乐创作的效率。在 AIGC 的助力下，音乐创作者能够更具创造性地进行音乐创作与自我表达，给用户带来更优质的音乐作品。

9.3.3　影视内容更新：高效创作+影片修复

在影视行业，AI 影视制作并不是新鲜事，而 AIGC 技术的应用则能够进一步激发影视创作活力，助推影视内容高效、高质量生产。

影视行业以内容为核心，而 AIGC 所带来的全新内容生产模式以及智能交互模式，能够对影视内容生产产生影响。AIGC 赋能影视行业，能够缩短内容创作周期，降低内容创作门槛，提升内容创作效率以及内容质量。

在提升内容质量方面，许多企业积极探索。例如，OpenAI 推出能够根据文字提示或图片提示生成 3D 模型的 Shap-E 大模型。在 3D 建模领域，Shap-E 是一项颠覆性技术，能够处理复杂和精细的描述，快速创建 3D 模型，节约更多的时间和资源。在创建 3D 模型的过程中，Shap-E 能够减少人力成本并简化工作流程。

一项成熟的技术能够推动行业的发展。3D 模型助力影视内容生产，在影视行业的发展前景广阔，相关企业应积极推动产品落地，完善相关技术，促进技术与行业融合发展。

除了助力影视内容高效创作外，AIGC 技术在影片修复领域也能够发挥巨大作用，实现老旧影片高效翻新。

老旧影片具有画质低下、模糊、重影等问题，需要人工手动逐帧修复，耗时耗力。而 AIGC 技术能够应用于老旧影片修复，提高影片修复的质量和效率。

百度作为国内大模型行业的领军企业，与电影频道节目制作中心（以下简称"电影频道"）联合发布了首个影视行业智感超清大模型——"电影频道-百度·文心"。其能够同时完成多个影片修复任务，全面提升影片修复效率，为用户带来震撼的观影体验。

电影频道一直致力于将 AI 技术与影片修复相结合，以丰富其影视内容。电影频道旗下的频道，如 CCTV-6、高清频道等，都以播放电影为主。电影频道拥有上万部电影资源，但是其中有一半都是利用胶片拍摄的。虽然许多电影以数字化的方式被保存了下来，但是原始胶片损坏对影片画质造成了影响。同时，用户对高清视频和高质量影片的需求爆发，承载了时代记忆的老旧影片亟待被修复。

"电影频道-百度·文心"的工作效率极高，每天的影片修复量达 28.5 万帧，解决了大部分画面修复问题。即便影片需要进一步修复，修复速度也比人工手动修复提高了 3～4 倍。

在影视内容创作中，"电影频道-百度·文心"也发挥了重要作用。其以增强影片的画面色彩和清晰度实现老旧影片超清化，实现 SDR（Standard-

Dynamic Range，标准动态范围图像）到 HDR（High-Dynamic Range，高动态范围图像）的转变。"电影频道-百度·文心"能够提升老旧电影的画质，老旧影片能够在新时代焕发生机，满足用户日益增长的观影要求。

"电影频道-百度·文心"基于 AIGC 技术，并结合电影频道的影片修复经验，通过多种数据进行训练，能够对多种损坏类型的影片进行修复。其能够以画质提升、边缘锐化等方式增强影片的清晰度，以达到全方位修复影片的效果。

未来，百度将基于自主研发的昆仑芯片与深度学习平台"飞桨"提升影片修复效率，基于"文心"大模型的泛化能力加强 AI 修复在影视行业的深度应用。

9.4 金融行业

在金融行业，AIGC 技术能够应用于金融营销文案创作，生成创意营销文案；能够用于打造智能客服，提高金融机构的服务水平；能够用于智能投顾，优化投顾流程，降低服务成本。

9.4.1 金融文案产出：营销文案设计及宣传

AIGC 在金融领域的应用能够为金融营销助力，提高金融营销的效率，降低金融营销的成本。在金融机构设计营销文案、促进品牌宣传等方面，AIGC 能够发挥重要作用。

例如，招商银行将 ChatGPT 应用于品牌文案撰写。2023 年 2 月，招商银行利用 ChatGPT 撰写了一篇名为《ChatGPT 首秀金融界，招行亲情信用卡诠释"人生逆旅，亲情无价"》的文章，亲情之于人生的意义在 ChatGPT 的笔下娓娓道来。

此后，招商银行采用与 ChatGPT 对话的形式诠释了亲情的价值和意义，生成了极具感染力的品牌推广文案。作为拥有数亿个参数，并接受过大量、系统的文本数据训练的大语言模型，ChatGPT 对亲情的思考与诠释让人感到无比惊喜。

招商银行此番对 ChatGPT 小试牛刀缘于一次无心插柳的尝试。品牌心智是品牌与用户长期交互的结果沉淀。此前，招行信用卡曾对"卡"与"人"的关系进行深入思考，发现人们对于情感连接的需求十分迫切。

亲情作为人与人之间最紧密的连接和最深的羁绊，成为招商银行与用户进行情感交互的最佳着力点，而 ChatGPT 则成为招商银行与用户建立情感连接的得力助手。基于此，招商银行升级招行信用卡附属卡产品，研发并推出全新 "亲情信用卡"。

如何将这张信用卡背后所诠释的亲情的意义更好地传递给用户？招行信用卡尝试进一步挖掘家庭、血缘对于人类的终极意义，但是在不同的时间、空间，亲情的定义和解释都有不同的内涵。

这也就意味着，短时间内的按图索骥和单向的思考论证都无法解释这个命题，我们需要寻找一种跨时空、跨领域、跨学科的方式，来对这个命题进行重新解码与阐释。那么如何超越个体的智慧经验与知识，以多维视角来解释这一命题呢？招商银行通过 ChatGPT 看到了某种可能。而这一次尝试推动了金融行业首篇 AIGC 作品的诞生。

招商银行以 ChatGPT 为工具撰写品牌文案是一次比较成功的 AIGC 文本生成落地应用。从全文来看，其表达逻辑与人类思维逻辑十分相似，如果不告知读者，读者很难看出这篇文案是 AI 撰写的。

在应用 ChatGPT 生成文案时，招商银行工作人员在 ChatGPT 上输入需求"阐释基因与亲情的关系"，ChatGPT 生成的第一篇文案比较平实，缺乏深度的思考。招商银行工作人员进一步向 ChatGPT 提出需求，即文案内容要突出两个观点，分别是"亲情的利他本能"和"生命是基因的载体"，并强调语言要有深度。经过不断的训练，ChatGPT 输出的内容不断优化，最终生成了令人满意的稿件。

与人类撰写稿件的过程类似，AI 写稿也需要经过多个步骤。首先，明确需求，构建初步的文章框架；其次，从模型中获取相关内容并输出；再次，在输出的过程中和最终输出的内容中寻找灵感，以优化模型、完善内容；最后，多次重复，直到生成一篇令人满意的稿件。

需要注意的是，在 ChatGPT 生成内容的过程中，需要有一个明确的需求内核引导内容生成。否则，需求方很可能会被模型的内容生成逻辑带偏，导致稿件偏离主题或深度不够。

ChatGPT 生成的文章或许尚未达到专业水准，但在对亲情这一涉及多角度、多领域的命题进行阐述的过程中，ChatGPT 展现出卓越、逻辑性强的思辨能力。不过，这并不代表文案撰写任务可以完全交给 ChatGPT 完成。

从 ChatGPT 的整体能力阈值来看，其还未达到可以脱离人工干预的水平。招商银行作为品牌方，负责为文案赋予精神内核，为文案赋予灵魂和温度，确保文案传递符合品牌文化的价值观和审美，ChatGPT 只是品牌文案撰写的辅助工具。

上篇

中篇

下篇

招商银行的此次尝试充分显示出，ChatGPT 强大的语义理解和推理能力能够支撑其强大的对话能力，其可以精准地理解金融文案撰写需求，智能梳理文案主旨和逻辑，分析文案的使用场景，输出相应的内容。未来，随着 AIGC 的发展，将出现更多智能应用，赋能金融文案创作。

9.4.2　智能客服：提高金融机构服务水平

AIGC 与金融领域智能客服的结合可以大幅提升智能客服的智能性，帮助金融机构提升服务水平。AIGC 自动生成对话的能力能够让智能客服的运行更加高效，提升其人机交互感知程度，以及理解用户意图、生成相关回答的效率。

以 AIGC 的典型应用 ChatGPT 为例，其可以从以下三个方面出发，为智能客服赋能，如图 9-1 所示。

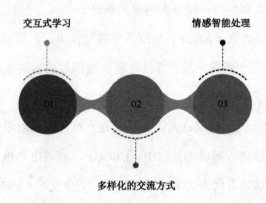

图 9-1　ChatGPT 为智能客服赋能的表现

1. 交互式学习

ChatGPT 是一种智能交互应用，能够与客户对话。接入 ChatGPT 的智能客服能够学习更多信息，并根据客户的反馈来改进自己的回答，协助客户更好地理解金融业务，进一步提升服务质量。

例如，在金融领域，接入 ChatGPT 的智能客服在介绍商业银行或保险公司的险种、理财产品时，会通过收集、分析客户查询历史、消费习惯、语言习惯等信息，更好地满足客户的需求。基于收集的信息，智能客服除了能够为客户提供更全面、更精准的服务外，在客户再次咨询时，还可以为客户提供更加科学的解决方案，提高服务水平。

2. 多样化的交流方式

ChatGPT 支持多种交流方式，如文本交流、语音交流、图像交流等。在智能客服领域，ChatGPT 能够为客户提供更具交互性的体验，提高客户的满意度。

例如，在金融交易过程中，客户需要输入一些身份信息，接入 ChatGPT 的智能客服支持客户通过图像、语音等方式上传身份信息，可缩短信息上传的时间，优化客户的操作体验，提高交易效率。

3. 情感智能处理

在金融领域，客户数量庞大、素质参差不齐、需求差异大，是人工客服面临的一些挑战。ChatGPT 支持智能客服根据不同客户的反应和语言习惯自适应地将客户分类，并能够捕捉客户态度的细微变化和上下文语境中的隐藏信息，更好地理解客户的意图。

人的情感是非常复杂的，客户的情感体验是金融机构服务质量的评判标准之一。智能客服应该具有一定的情感智能处理能力，这样才能更好地与客

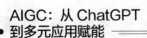
户沟通，更好地理解并满足客户的要求。

在 ChatGPT 的支持下，智能客服能够从客户提问的方式、语气等细节中捕捉到客户的情感信号，并且能够根据情感信号的类型给出相应的回答。对客户情感和情绪的及时捕捉有利于智能客服及时解决客户的问题，提升客户的满意度。

借助 ChatGPT，智能客服将在服务效率、服务专业性、服务人性化及智能化等方面实现提升，提高金融机构的服务能力。

9.4.3　智能投顾：优化流程，降低服务成本

在客户需求日益多样化的当下，为了更好地满足客户需求、在市场竞争中站稳脚跟，金融机构需要不断优化业务流程，降低服务成本，提升市场竞争力。基于此，不少金融机构都尝试将 AIGC 与智能投顾相结合。

为了向客户提供高质量的服务，传统投顾往往采取一对一的服务形式。该服务形式消耗大量人工成本，并受限于时间和空间，难以为客户提供优质的服务体验。而智能投顾能够解决这些问题。

基于 AIGC 技术的智能投顾将金融科技与财富管理相结合，能够提供契合客户需求的投资咨询和指导服务，为投资者提供更加精准和高效的投资建议。

智能投顾的基本原理是通过大数据、自然语言处理、机器学习等技术实现投资建议的系统化。其通过自动生成分析报告和风险评估报告，为客户提供更为全面和精准的投资建议、在线式的顾问服务及专业化的投资理财方案。

智能投顾具有以下优势。

一是效率更高，可以在较短的时间内理解并满足客户的需求。

二是可以通过大数据和机器学习等技术实现全方位的风险管理和投资分析。

三是可以分析复杂的投资品种，帮助投资者在风险控制和利润增长之间做出选择。

四是能够为客户提供更为全面的咨询服务和更为个性化的投资建议，改善客户的体验。

智能投顾能够根据客户情况对客户所提出的一系列问题进行解答，并在与客户探讨的过程中对客户信息和需求进行自我学习，确定客户对应的投资者类型。智能投顾综合匹配投资组合与投资类型归属，为客户进行投资组合管理和投资标的选择提供建议。

智能投顾运用决策树管理决策流程，并基于智能算法逻辑智能生成组合投资建议，并实时收集、分析市场变化。最终，其依据决策流程自动调整投资策略，并确保投资策略与客户投资特征相匹配。

在运作方式上，智能投顾通过智能分析，在资产库中选择基础资产并进行重组，以减少传统顾问服务模式下的人为主观干预，为客户提供科学、合理的决策支持，降低投顾服务成本。

客户往往会通过基础资产的盈利状况、管理者状况和盈利水平波动等信号向智能投顾传递投资价值信息，从而影响智能投顾选择基础资产的倾向。这有利于智能投顾依据一定标准甄别和筛选基础资产，从而实现投资价值最大化。

智能投顾将传统顾问服务模式下的精英化服务转变为普惠式服务，将服务受众群体拓展为大众客户群体，满足大众化的投资服务需求，践行普惠金融发展的整体战略目标。

　　随着 AIGC 的深度应用和大数据技术的快速发展，智能投顾呈现多样化的发展趋势。智能投顾的发展模式倾向于面向投资理财经理的决策辅助模式和面向客户的智能推荐模式。以财经门户、传统金融机构和互联网巨头企业为代表的成熟型智能投顾平台和以金融科技企业为代表的初创型智能投顾企业相继布局智能投顾业务。

　　智能投顾是 AIGC 赋能财富管理的一次有益尝试，开拓了投资建议的新模式。首先，智能投顾可以为客户提供 24 小时在线咨询服务，提供更加科学、个性化的投资建议，以更低的成本创造更高的服务价值；其次，智能投顾能够依托大数据和机器学习等技术为客户提供更加全面的投资分析，为客户提供全方位的投资建议和更加专业化的服务。

　　智能投顾使 AIGC 和金融行业实现了进一步融合发展，为 AIGC 赋能财富管理按下了加速键。

第 10 章

B 端应用：AIGC 行业大模型
连接 B 端场景

当前，B 端是 AIGC 的核心应用场景。AIGC 在提高人效、降低成本方面的优势让 B 端用户有更强烈的付费意愿。同时，AIGC 对 B 端业务流程的改造，将创造出丰富、稳定、具有长期价值的商业模式。从面向细分领域的行业大模型涌现，到部分行业高效迭代业务流程，AIGC 在 B 端场景中的商业化价值逐渐凸显。

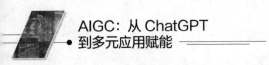

AIGC 深入细分行业，
行业大模型涌现

●●●

除了通用大模型外，大模型的另一重要研究方向是行业大模型。通用大模型往往无法很好地解决部分细分领域的问题，而行业大模型基于特定行业的数据进行训练，在处理行业问题上优于通用大模型。

10.1.1　打造行业大模型的两大路径

打造行业大模型有两大路径，具体如下所述。

1. 对通用大模型进行微调

目前，已经有很多开源的大模型，以及多种对大模型进行微调和预训练的方法，通过这一路径实现发展的行业大模型已经在多个领域得到应用。

例如，OpenAI 在 GPT-3.5 推出后不久便邀请各行业领头企业进行试用，如金融领域的高盛、客户关系管理领域的 Salesforce。OpenAI 基于细分领域的数据对 GPT-3.5 进行训练和微调，并借助微软的支持，进军办公软件领域。

在法律领域，LaWGPT 就是在 LLaMA 大模型的基础上进行微调而得到的行业大模型。具体来说，LaWGPT 是对 LLaMA 大模型基于法律领域专有词汇表、中文裁判文书网公开法律文书数据、司法考试数据等数据集进行预训练，并基于法律领域问答数据集和司法考试数据集进行微调，进而打造出的面向法律领域、具备专业性的行业大模型。

此外，北京大学推出的中文法律大模型 ChatLAW、科大讯飞推出的"星火"法律大模型均是利用法律领域数据对通用大模型进行微调得出的行业大模型。

解决数学问题是很多大语言模型的弱项，尤其是在将现实问题抽象成数学问题方面，一些通用大模型表现不佳。如何用语言准确地表达出数学规则与推理过程是大模型解决数学问题需要突破的一个难关。许多通用大模型都是通过外挂编程软件、计算器或专用向量数据库实现数学推理，而非对模型进行微调。

基于此，一些企业尝试对通用大模型进行微调，打造教育领域的行业大模型。例如，学而思尝试用中小学数学题及其他相关教育语料库对通用大模型进行微调，以解决大语言模型在数学方面表现不佳的问题；科大讯飞的"星火"大模型在语、数、英三个学科发力，打造教育行业大模型；网易有道的"子曰"大模型选择语言教育作为发展方向，这样更容易发挥自身的优势，也能够更快地看到应用效果。

在医疗领域，谷歌发布了医学大模型 Med-PaLM 2，并发布了可评估大模型在临床方面能力的评估基准。该模型在临床语言、医学影像、基因组学等问题上展现出惊人的准确度，在技能上已经达到专业医生的水平。

医疗领域对病情判断、治疗方案、操作准确性要求极高，而目前许多通用大模型在相关任务上表现不佳。AIGC 应用和医疗行业大模型可以极大地提高医学影像判断、基础临床诊疗的效率。基于医疗领域的数据进行微调，大模型可以在医疗领域实现落地应用。

除了谷歌外，其他国内外研究机构也在不断地尝试。国内多所高校和一些企业携手医疗机构推出对通用大模型进行微调后的医疗大模型，例如，腾讯健康与圆心科技合作，以医疗大模型研发与应用为落脚点，推动圆心科技各项业务实现全面数智化升级。基于此，圆心科技推出惠保大模型、源泉患者管理大模型，实现精准的患者管理和高效的患者数据分析。

2. 使用领域数据从零开始搭建行业大模型

使用领域数据从零开始搭建行业大模型有两种实现路径。一种是基于混合数据，即"领域数据+通用语料库"进行训练，例如，网易有道推出的"子曰" AI 教育大模型、光启慧语推出的"光语"医疗大模型均采用混合数据进行训练。

另一种是只基于大规模的领域数据进行训练，这一类的大模型目前市面上较少。如果选择从零开始构建行业大模型，如何实现领域数据和通用语料库数据配比的合理性，如何解决领域数据不足的问题，以及如何选择大模型的参数量级，都是开发者需要慎重思考的问题。

实际上，还有一些打造行业大模型的路径。例如，基于通用大模型的学习能力，在提问的过程中向其灌输领域知识，使得通用大模型原有知识库中包含更多领域知识；或者通过向量数据库的方式让通用大模型在数据库中找到相关内容并进行总结和演化，以解决行业问题。

使用这些路径开发大模型成本低、速度快，且能很好地解决大模型的"幻觉"问题。但由于这些路径并未改变通用大模型的参数，故在本书中并未将通过这些路径打造出的大模型划归为行业大模型，而是视作通用大模型在行业中的应用手段之一。

10.1.2　百度携手多家企业，打造行业大模型

作为国内较早推出类 ChatGPT 产品的互联网大厂，百度除了在提升"文心"大模型通用能力方面不断发力外，还在垂直领域进行深度布局。百度与多家企业联合，发布了很多面向细分领域的行业大模型。

百度采取微调通用大模型的路径打造行业大模型，即使用行业数据对"文心"大模型进行预训练或任务微调，以完成特定行业任务。经过微调后，"文心"大模型能够渗透能源、金融、航天、制造、影视等行业，主要应用场景是信息录入、数据分类、内容检索、生成摘要以及向量数据库信息抽取。

例如，百度成为"中国探月航天工程人工智能全球战略合作伙伴"，与中国航天携手，基于航天领域数据推出"航天-百度·文心"大模型，并通过外挂航天文献等专业数据库，实现航天故障部位信息抽取、文献情报分类、技术检索和摘要生成。

除了与航天领域结合外，在燃气行业，百度与深圳燃气携手推出的"深燃-百度·文心"行业大模型能够实现安全隐患预警、环境巡检；在电影行业，百度携手电影频道推出的"电影频道-百度·文心"大模型能够实现画面修复和清晰度提升；在电子制造行业，百度和 TCL 合作推出"TCL-百度·文心"行业大模型，变革了传统质检流程，能够实现高效的缺陷检测。

其他国内互联网巨头也开始扩张其行业大模型的版图。例如，腾讯给所有内部业务接入"混元"大模型，以积累用户需求和应用经验。腾讯还推出了面向电力能源领域的大模型；联合多家企业发起"生命科技与医疗大模型工作组"，推动医疗大模型落地；与福佑卡车推出数字货运大模型，提高物流

证件和回单识别等任务的效率。

华为作为国内较早布局 AIGC 赛道的云服务商之一，在"盘古"大模型之上相继发布了科学计算大模型、药物分子大模型、矿山大模型和气象大模型，专注于大模型在 B 端的应用。

阿里巴巴相继开源"通义千问"大模型 70 亿个参数和 140 亿个参数的版本，旨在开放模型的能力，让各行各业的开发者能够共同推动行业模型的创新发展。

AI 行业逐渐流行的新商业模式 MaaS，也是国内互联网巨头所追逐的目标，即以通用大模型为底座，企业可以在云端调用、开发和部署属于自己的模型。

无论是私有化部署还是利用公有云服务，企业只需要将自己的数据或者任务导入，然后进行低代码的微调，即可获得专属于自己的行业大模型并投入应用。很多上游的云服务厂商都在积极尝试这一模式，将更多的行业数据用于大模型训练和微调，打造更多更精准的行业大模型。

10.2　AIGC 连接 B 端营销业务

一些 AIGC 应用具有强大的文案生成和图片生成能力，在营销领域得到了深度应用。营销行业一直追求精准营销，而同质化的营销内容和营销环境的变化，让用户潜在的、真实的需求被掩盖，精准营销难以实现，营销成本也越发高昂。AIGC 技术和应用融入营销业务，可以解决营销难题，让精准营销和个性化营销成为现实。

10.2.1　营销内容：AIGC 完善营销方案

营销内容是营销的核心要素，过去十分依赖人力，包括专家的经验判断，策划人员的想象力与创造力，画师、文案人员、设计师等对营销内容的呈现能力。这样的内容生产方式受制于人力，在营销内容有效期越来越短的时代，内容生产速度赶不上消耗速度，营销内容创作很容易达到瓶颈。

而 AIGC 可以突破这个"天花板"，从寻找创意灵感到营销内容成型，AIGC 可以赋能营销内容创作全流程，真正实现提质增效。

在大量文本语料和其他各类大数据的加持下，AIGC 应用可以通过提示词提取知识库内的诸多关联信息，为内容生产者提供底层创意素材。和内容生产者的经验结合之后，AIGC 应用可以进一步整理出多种方案、思路供内容生产者选择。

而在创意实施阶段，AIGC 可以短时间内生产出大量的文案、海报、音频等素材，缩短营销内容创作的时间。尤其是时效性强、需要快速迭代的营销内容，如特殊节日、节气的营销文案，特定活动海报需要更换人物形象、环境、图片色调、宣传文案等，AIGC 显得尤为高效。

此外，AIGC 可以让许多具有想象力的营销想法得以实现，如让神话人物穿上现代服饰、让古代建筑变成冰淇淋等。这类过去需要许多人力、物力才能实现的创意想法，如今可以通过 AIGC 低成本地实现。

例如，国内营销科技企业蓝色光标在 2023 年全面拥抱 AIGC。其推出的"Blue AI"便是利用其自有的历史数据和大量业内数据微调而成的营销行业大模型。蓝色光标已经将"Blue AI"应用于部分业务中，让传统业务流程中高

度依赖于人的专业性的部分，逐步转化为人机互动的协作过程，从用户分析到创意辅助、内容生成、体验创新，都有 AIGC 的参与。

2023 年上半年，蓝色光标的很多客户都使用了其提供的 AIGC 相关服务。其中一个典型案例是在京东"618"大促活动的代言人电视广告中，蓝色光标使用 AIGC 快速制作了多种虚拟场景，并通过技术手段实现了不同场景的平滑切换。蓝色光标创造出一套完整的业务流程来实现数字人与 AI 画面的融合，丰富了广告营销的内容。

营销行业可以充分利用 AIGC 高效的产出能力和奇特的创造力来形成一套全新的内容生产流程，创造出高效的人机互动模式，从源头解放营销生产力。

10.2.2　售前互动：AIGC 创新营销场景

AIGC 在需求侧给营销流程带来重大改变。在这方面，很多广告主认为，AIGC 带来了低成本快速试错的方法，而且营销内容更丰富、成本更低，因此可以面向更多消费者投放不同的广告内容，从消费者对营销内容的反馈来挖掘消费者的需求，从而在下一次投放广告时更能投其所好。

这是从投放后反馈的角度出发思考 AIGC 给需求侧带来的改变，也是当下许多应用推送广告的逻辑：通过消费者的反馈来实现更加精准的广告投放，不断优化投入产出比。这本无可厚非，但这样的思路仍是基于传统的营销场景实现效率的提升、成本的降低，并未产生真正意义上的革新。

而 AIGC 是可以给传统营销场景带来颠覆式革新的。从营销的本质来看，传统营销实际上是信息的传递，实现商品信息从生产者到消费者单向的传递。

即便在数字化营销时代，消费者会给出反馈，这种单向的信息传递链路也未能被完全打破，因为很多消费者很难清楚地表达自己的需求。

以电商为例，以阿里巴巴、京东为代表的电商平台以一种高效、聚合的方式把消费者需要在线下花费很多时间与精力才能获取到的信息呈现给消费者，使消费者可以通过搜索的方式快速获取商品信息。

当信息量过载时，个性化推荐应运而生。但消费者的购买行为、浏览行为和搜索行为等数据并不能完全体现消费者的真正需求，因此电商平台可能会向消费者重复推荐相同的产品，或者向消费者推荐很久以前其搜索过的产品。

由此，以抖音、快手为代表的内容电商兴起，其能够挖掘出消费者的潜在需求，商品推荐的精准度大幅提高。但在挖掘消费者的消费需求的过程中，仍缺少消费者的主动反馈，消费者的消费需求更多的是通过大数据分析得到。

社交电商和直播电商都是试图利用社交关系或者与消费者的互动来挖掘消费者的需求。但前者的需求挖掘往往局限于很窄的社交范围内，而后者往往因为对象众多导致个性化需求被掩盖，实际上还是针对大群体的营销。

两者皆存在的问题是，需求挖掘更多的是营销人员对消费者需求的想象。因为消费者本人对需求的表达往往是片段化、模糊的，甚至是真假参半的，需要营销人员基于自己的专业度和敏感度去猜测消费者的真实意图。

以服饰购买场景为例，传统电商进行的尝试是构建通用人形模特，利用模特的上身效果打消消费者对衣物上身后效果的疑虑。而这一尝试结果不是很好，因为通用人形模特的身高、体重等数据和很多消费者不契合，消费者无法想象到自己穿上衣物的效果。

针对这一问题，AIGC 可以从两方面进行优化：一是根据消费者的身材数

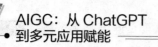

据对模特进行调优;二是生成各种形态、角度的衣物效果图,让衣物在线上呈现的效果与消费者在线下看到的效果的差距缩小到微乎其微。

在 AIGC 应用中,消费者可以用模糊的提示词描述出衣物适配的场合,AIGC 可以生成相应的环境,使模特与环境发生互动,无论是光线、环境感受,还是试穿的效果,都能尽可能真实地呈现。

若更进一步,消费者可以用模糊的提示词表达自己想要的衣物,如"上班时穿的商务西服",而 AIGC 便可生成包含场景和个性化模特的完整示意。消费者再通过提示完成动态调整,最终根据示意结果下单或者进行关联搜索。

AIGC 还可以对消费者的提示词进行多模态反馈,以智能导购实现进一步互动,让整个需求挖掘流程变得更具故事性和游戏性。在进入整个销售互动流程之前,AIGC 还可以通过内容消费的铺垫完成品牌心智的培育,形成从内容消费到商品消费的完整营销链路。

这个流程实现了什么?一是实现了对消费者当下需求的挖掘;二是实现了消费者需求挖掘不依赖于某个人的专业度判断;三是使消费者主动的消费需求反馈被模型记录。以上虽然是假想的场景,但如今各大平台引入的智能客服便可视作这类售前互动的雏形。而 AIGC 的高速迭代,会加速更丰富、具有创新性的售前互动场景出现。

10.2.3 虚拟主播和虚拟 IP 助力品牌营销

随着 Z 世代(指 1995 年至 2009 年出生的一代人)崛起,用户经常发出"次元壁破了"的感慨,虚拟 IP 正在逐步从小众圈层走进大众视野。

随着 AIGC 在多模态方面的发展,生成一个数字人以及维持其日常运作的门槛和成本大幅降低。这包括对真人或视频中的人物进行实时换脸、生成拟真的虚拟形象、对真人声带和说话方式的模仿、面部表情随着文本和情绪的变化所发生的细微变化等。

二次元虚拟偶像，如初音未来、洛天依等，有着活泼可爱的动漫形象和类似真人的合成声音。一些热播电视剧中的数字人，从声音到动作，几乎与真人别无二致。虚拟技术在超现实的形象塑造上已经足够成熟，并实现了广泛的商业应用。"不会疲倦"的虚拟主播和"不会塌房"的虚拟 IP，被投入品牌营销中，释放巨大的价值。

虚拟主播主要解决两类问题：一是头部主播或者明星、名人在时间上具有稀缺性，他们的数字人可以代替他们参加一些活动；二是降低打造真人主播的成本，因为培训真人主播并留住他们，对于许多规模较小的品牌来说，需要付出的成本是巨大的。

如今，花费很少的成本，甚至免费就能生成数字人。数字人可以依据直播脚本进行 24 小时不间断直播，经过大模型训练的虚拟主播还可以与用户实时互动，并及时调整营销策略。阿里巴巴、京东、字节跳动等互联网巨头均在 2023 年"双 11"购物狂欢节期间启用虚拟主播进行 24 小时不间断直播，并帮助众多品牌打造虚拟主播，实现持续的内容营销。

虚拟 IP 是品牌文化和价值观的具象化产物。相较于价格高昂且调性很难完全与品牌契合的真人形象代言人，虚拟 IP 的形象、气质、背景、工作时间等都可以完美契合品牌营销的需求。与此同时，虚拟 IP 还可以随着品牌的发展不断演变，让消费者获得"偶像养成"的快乐，同时体会到品牌的升级和变化。

在 AIGC 技术高速迭代的背景下，维持虚拟 IP 的多维度运营变得更加容

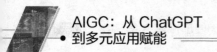
易。从虚拟 IP 背景故事打造、形象生成，到日常营销物料产出、直播互动，都可以依靠 AIGC 工具高效地实现。

近两年呼声很高的元宇宙通过 AIGC 加持下的虚拟 IP 不断提升热度，大众可以通过多款工具的联合生成自己的数字人分身。在 AIGC 的加持下，我们有望打造一个真正的元宇宙世界。

10.3 AIGC 助力智慧零售发展

AIGC 的兴起使得智慧零售在流程和消费体验上迎来新的一波数字化变革热潮。在上一轮浪潮中，零售业在供应链管理、物流运输、支付等方面和互联网实现深度融合。而在这一波浪潮中，除了新营销范式外，智慧零售在客户关系管理和销售场景方面获得新的发展。

10.3.1 AIGC+CRM：打造智能零售新方案

在营销成本越来越高昂、信息爆炸、客户需求趋于个性化的时代，管理好现有的客户资源对于零售企业来说越发重要。CRM 系统能够帮助企业及时把握市场动态及供需关系，深度挖掘客户价值，为客户提供个性化的产品和服务。

客户关系管理中核心的部分是收集更全面的客户信息，并与客户产生更有效的沟通交流。而其瓶颈是人工有时间上限，无法同时应对多个客户；单个客户的沟通效率低，遇到疑难问题时需要耗费较长时间整理资料和沟通记录。

AIGC 可以参与客户关系管理的多个环节，实现内容生成。例如，总结沟通对话，快速提取用户有效信息，并整理成文档；生成和产品、服务匹配的潜在客户名单；自主对话，完成各类行程预定等。

AIGC 可以承担助理的职责，而营销人员只需要负担监督的责任，对内容进行微调，完成沟通流程即可。这将极大地提高客户关系管理的效率，让客户的个性化需求得到满足。

CRM 软件巨头 Salesforce 在 2023 年 3 月推出 Einstein GPT。利用 ChatGPT 的私有化部署，结合自身的私有 AI 模型，并外挂其客户数据库，Salesforce 实现了 AIGC 在客户关系管理方面的应用。Salesforce 将 Einstein GPT 集成到旗下的数据可视化工具 Tableau 和团队协作工具 Slack 中。

Einstein GPT 主要应用于客服、销售跟进、市场营销等方面，实现了个性化客服回复、客服案例总结、客户信息总结、产品推荐内容生成、潜力客户判断等多项功能。

而国内 CRM 软件公司纷享销客、销售易等均已开始布局自己的 AIGC 产品。目前，AIGC 在 CRM 领域的应用还存在不少需要人工调整的部分，相信随着数据和用户反馈的积累，满足更多个性化需求的高效 CRM 工具会在较短的周期内迭代完成。

10.3.2　AIGC 助力零售企业打造虚拟大卖场

大卖场是零售业的一种经久不衰的业态，产品的丰富度和具有竞争力的价格，让这个舶来品在国内长时间保持热度。早期的沃尔玛、家乐福，以及

现在的山姆会员店，本质上都是大卖场。

但由于消费者此前并未养成大量囤货的购物习惯，且大卖场往往地理位置偏僻，因此沃尔玛、家乐福等大卖场在刚进入我国时遇到了一些挑战。当然，即使在海外大卖场仍然盛行的地区，花费在路程上的时间、停车场的拥堵、长时间的步行购物与时间消耗都是很多人抱怨的问题。

如果将大卖场虚拟化，这些问题将迎刃而解。消费者只需要将自己的需求告诉 AI，如"帮我找一条约会穿的裙子""给我推荐一张和我房间搭配的床"等，AI 均能以可视化的形态为消费者推荐商品。消费者不用担心购物时的拥挤，不用担心购物车装满了，也不用驱车两个小时到实体卖场。

在购物的全流程中，有耐心的智能导购会为消费者推荐满足其需求的商品；在消费者遇到问题或需要售后服务时，能够高效解决问题的智能客服会为消费者提供帮助；在消费者需要退换货时，可以享受快速上门的物流服务。

而对于企业来说，虚拟大卖场可以大幅降低货架管理和仓储管理等方面的成本，并且能很好地利用本地供应链管理优势完成客户转化。对于需要提高效率的消费者或者企业来说，虚拟大卖场都是一个更佳的选择。

盒马、多点等企业的 O2O（Online to Offline，线上到线下）模式被看作对虚拟大卖场的积极尝试，淘宝、京东等电商平台正在加速布局的沉浸式购物场景也被认为是广义上的虚拟大卖场。

AIGC 打破了 VR、AR 等技术在人物模型、产品模型、虚拟主播、虚拟货场、虚拟环境等内容生成上的瓶颈。相信在 AIGC 的加持下，更多个性化和独具特色的销售场景会被打造出来，推动虚拟购物模式规模化、体系化发展，届时消费者的线上和线下消费体验都将更加有趣。

第 11 章

未来展望: 通用人工智能时代到来

本书虽然主要讲 AIGC 及其应用, 但由于 AIGC 是人类走向通用人工智能的重要里程碑, 因此在本书的最后一章, 我们做一些展望和讨论, 帮助读者做好迎接通用人工智能时代到来的准备。

上篇
中篇
下篇

11.1　通用人工智能：AI 未来发展的方向

通用人工智能是指一种具有与人类智能相当或超越人类智能水平的人工智能系统。与狭义人工智能不同，通用人工智能具备跨多个领域执行任务的能力，而不仅仅是在特定领域内执行特定任务。

通用人工智能的目标是模拟人类的智能，使机器能够像人一样学习、理解、推理、解决问题和执行各种任务。这种形式的人工智能能够适应新的环境、处理新的问题、执行不同领域的任务，而无须重新设计或重新编程。

目前，大多数已有的人工智能系统都是狭义人工智能，专注于解决特定问题或执行特定任务，如 Siri、小度机器人等。

通用人工智能仍然是一个较为长远的目标，需要克服许多挑战，包括对复杂环境的理解、常识推理、自主学习等。研究者正在努力研发更接近通用人工智能的系统，以推动人工智能领域的发展。

11.1.1　人工智能从专用走向通用

通用人工智能目前停留在理论阶段，并未真正实现。当前，许多人使用图灵测试来评估 AI 系统的智能程度。

计算机科学家艾伦·图灵（Alan Turing）于 1950 年发表论文《计算机器

与智能》，在这篇论文中，他提出了一种测试 AI 系统智能程度的方法——图灵测试。

该测试最初被称为模仿游戏，用于评估机器的行为是否与人类行为有所区别。在测试中，有一个"审查员"负责通过一系列问题找出计算机输出的内容与人类输出的内容之间的差异。在机器与人类的回答中，如果审查员不能将机器识别出来，那么机器便通过了测试，可以被归类为智能机器。

图灵测试的问题在于，仅通过语言问答让机器模拟人类理解、思考的过程，这并不可靠。计算机科学家约翰·赛尔（John Searle）于 1980 年发表论文《心灵、大脑与程序》。在其论文中，他讨论了理解和思考的定义，并提出了"中文屋论证"的思想实验。

实验的具体场景为：想象一个会说英语但不会说中文的人在一个封闭的房间里，房间里有一本英文版的关于中文语法规则、短语和说明的手册。另一个会说中文的人将写着中文的便条传进房间。在手册的帮助下，房间内的人给出中文答案，并将它传回房间外，房间外的人要根据答案判断屋内的人是否会说中文。

这个实验推出后，有研究人员认为，虽然房间内的人能够使用手册给出正确的中文回答，但他可能并不会说中文，这只是一种通过将问题或语句与相应的回答进行匹配来模拟人类理解的过程。赛尔反驳道，强 AI 是不可能实现的。

"中文屋论证"表明了图灵测试存在缺陷，即便机器通过了"图灵测试"，也不意味着它就是智能的。

也许你会发现，ChatGPT 好像就是"中文屋论证"的实际应用。但是，OpenAI 的很多成果表明，ChatGPT 能够理解语义而不是简单地按照手册回答，

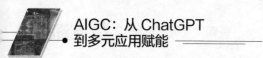

它甚至可以解决智力题。

11.1.2　通用人工智能终将来临

通用人工智能到来的时间是难以预测的，因为这需要在理论、算法和计算资源等多方面取得重大突破。有些专家认为，我们可能距离实现通用人工智能还有数十年甚至更长的时间；还有一些专家则认为，我们可能会在未来几年内看到通用人工智能方面的产品出现。

通用人工智能应具备以下几项能力，如图 11-1 所示。

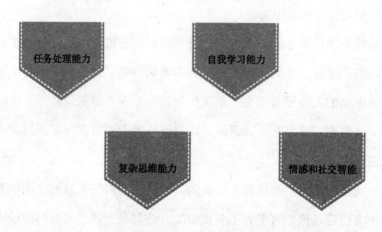

图 11-1　通用人工智能的四个能力

（1）任务处理能力。如果一个 AI 系统能够处理它从未处理过的任务，而不仅仅是针对特定任务进行优化，那么其就实现了通用人工智能。

（2）自我学习能力。AI 能够自主地学习和改进、无须人工干预或详细指导，是通用人工智能的一个很重要的标志。

（3）复杂思维能力。通用人工智能应该具有像人类一样的理解、推理和创造性思维的能力。这意味着 AI 具有处理抽象概念、理解复杂系统并产生新想法的能力。

（4）情感和社交智能。通用人工智能应具备理解和表达情感的能力，能适应复杂的社交环境并进行有效交流。

以上这些能力只是设想中通用人工智能应具备的能力，通用人工智能最终会呈现出什么样的形态还未可知。

2023 年 10 月，一个电视访谈节目采访了被称为"深度学习之父"的 2018 年图灵奖得主杰弗里·辛顿（Geoffrey Hinton），以了解他对 GPT-4 的看法。

他列举了一个曾用来测试 GPT-4 的问题，"我问它，我想要我房子里的所有房间都是白色的，目前有一些白色房间、一些蓝色房间和一些黄色房间，黄色油漆在一年内会褪成白色。那么，如果我想要两年后所有的房间都变成白色，我应该怎么做呢？"。

它回答，"你应该把蓝色的房间重新涂成黄色"。虽然这不是最有效的方案，但是这个答案是正确的，能够体现出一定的逻辑。

杰弗里·辛顿认为，这种常识性推理用符号 AI 很难实现，因为它需要理解褪色的含义，需要对时间有认知。

当作者继续这个对话，问 GPT-4 "为什么不把黄色的屋子也涂白"时，它甚至说，"当然可以，如果你想让屋子两年内就变白的话"，如图 11-2 所示。

现在的 AI 系统还没有自我觉知能力，但未来会有。那时，人类可能会成为第二聪明的物种。

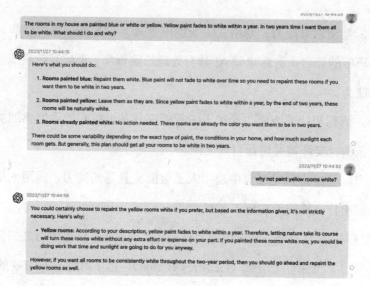

图 11-2　作者继续杰弗里·辛顿和 GPT-4 的对话

11.2　应对之策：勇于迎接新变局 ●●●

在 AIGC 时代，人类将会迎来更大的发展空间和自由。蒸汽机的出现极大地解放了生产力，生产效率大幅提升；通用人工智能的出现，将会进一步解放人类的脑力和体力。人类创新和学习的效率大幅提升，可以有更多的时间从事创新型的活动。

11.2.1　不是被 AI 替代，是被 AI 工具的使用者替代

微软创始人比尔·盖茨在一次访谈中表示，人工智能或许不会完全取代

人类的工作，但人类一周只需要工作 3 天是有可能实现的。

对于任何一场技术变革，都会有一些人持抵触、怀疑的态度，因为他们觉得恐慌。事实上，接受变化、拥抱变化，甚至引领变化的人或者组织，在变革中才是最终的赢家。

人类作为一个整体，面对通用人工智能时代的到来，可以从以下几个方面进行准备。

（1）政策和法规。通用人工智能的应用可能对社会产生深远影响，包括就业、数据安全、隐私保护等方面。在通用人工智能发展的同时，监管部门需要制定相关的政策和法规，以保护公众的利益。

（2）伦理和道德。通用人工智能引发了一系列伦理和道德问题，例如，AI 应该遵守什么样的行为规范？如果 AI 做出错误的决策，责任由谁承担？我们需要深入探讨这些问题，并找到解决方案。

（3）科技发展。我们要接受通用人工智能，对现有的科技基础设施进行不断改进和更新，包括提升网络连接的安全性、提升数据处理能力、改善硬件设备等。

（4）安全性研究。我们要加强对通用人工智能的安全性研究，包括对系统的鲁棒性、防御措施、安全漏洞的检测和修复等，以减少潜在的风险。

（5）全球合作。国际社会需要合作来应对通用人工智能带来的挑战，包括制定全球性的标准、分享最佳实践以及共同解决技术和伦理问题。

（6）教育和培训。随着通用人工智能的发展，许多现有的工作可能被自动化。因此，教育和培训体系应及时更新，为公众掌握通用人工智能时代新的技能提供助力。

（7）公众接受度。公众应理解并接受通用人工智能，因此，教育和公众宣传十分重要。

2023 年 11 月，OpenAI 公司上演了一场董事会裁掉 CEO 山姆·阿尔特曼，随后在全体员工、投资人的支持下，董事会成员调整，山姆·阿尔特曼回归，重新任职 CEO 的"宫斗大戏"。虽然具体的原因我们并不知道，但是很多信息表明，这场"宫斗"可能和硅谷对 AI 未来发展的两派的分歧有关。

一派对通用人工智能发展的看法是"有效加速主义"，希望通过高效、具有影响力的技术进步与突破来加速社会、经济或技术系统的变革过程，并把风险视为变革的催化剂。

另一派的观点是"超级对齐"，对通用人工智能的发展持审慎的态度，希望人工智能系统与人类价值观和期望高度一致。也就是说，人工智能系统的目标、行为和决策必须与人类的价值观相一致，以确保其在各种情境下都符合人类的期望，或者说"让模型在最糟糕的情况下也能遵循人类的意图"。

虽然两派观点并不是绝对对立的，但确实存在一个优先级的问题。相信最终人类会在中间找到一个平衡点，既不会使通用人工智能的发展速度减慢，也不会忽略安全等要素。

总体来说，人类应该以开放、合作的态度迎接通用人工智能时代的到来，并采取积极的措施，确保相关方都能从通用人工智能的发展中获益。

而作为一个个体，我们应该怎么为通用人工智能时代的到来做准备呢？

我们要理解，我们并不是被机器所替代，而是被更好地使用 AI 工具的人所替代。当然，不同行业和不同工作受到人工智能发展的影响不同，但是总体来说，脑力劳动者面临着十倍甚至百倍的生产力提升。这要求每个人都重新规划自己的生活、工作，以迎接一个全新的时代到来。

11.2.2　成为掌握 AI 工具的终身学习者

为了迎接通用人工智能时代的到来，我们应成为一个终身学习者。终身学习虽然是老生常谈的说法，但在通用人工智能时代，这可能会成为一项很重要的品质，传统的以知识学习为目的的学习可能会发生巨大的变化。

以 GPT-4 为例，它大概有一万亿个连接，比人类知道的东西多了不止 1 000 倍，基本上各个领域的知识都具备。当人类需要获取某一方面的知识时，可以借助 GPT-4 很轻松地获得。

实际上，它的知识存储效率也比人类高很多。人类的大脑里大概有 100 万亿个连接，而 GPT-4 更擅长把知识存储在更少的连接中。

想象一下，有一名医生，他已经看了 1 000 名患者，另一名医生已经看了 1 亿名患者。如果第二个医生不是太健忘，他可能已经注意到了数据中的各种趋势，而这些趋势在只看过 1 000 名患者的情况下是看不到的。

例如，第一个医生可能只看过一个罕见病患者，另一个看过 1 亿名患者的医生已经看过很多这样的患者，所以他会看到一些规律，这些规律在小体量的数据中是看不到的。

这就是为什么，能够处理大量数据的智能系统可以看到的数据结构，我们永远看不到。基于海量数据的机器学习效率大幅度提升，能够让每个医生的认知有巨大提升。

那么第一个医生应该怎么做呢？他应该学会和 AI 配合诊断患者，并且给出建议。具体来说，除了掌握专业的知识外，还要学习理解更多的 AI 算法背后的原理，从而能更好地运用工具、调优工具，获得自己想要的答案。当然，

更重要的是，如何能够提出高质量的问题。越善于提问的人，越容易通过 AI 工具得到更好的答案。

从某种程度上来说，ChatGPT 使得每个人都成为一个程序员，可以用自然语言编写自己所处领域的专有 AI 程序。

11.2.3　通用人工智能时代的生存法则

面对通用人工智能时代带来的挑战，个体需要调整生存策略和适应方式。未来的不确定性会变得更大，除了终身学习外，下面是一些可能有助于我们在通用人工智能时代更好地生存的法则。

（1）发展独特的人类技能。通用人工智能或许可以代替我们执行许多例行任务，但发展只有人类才能具备的独特技能，如创造力、情感智能、社交技能等，有助于使我们保持竞争力。

（2）建立强大的人际关系网络。与他人建立紧密的联系，包括同事、导师、朋友和专业人士。强大的人际关系网络可以为我们提供支持、建议和职业机会。

（3）主动适应新技术。我们不应害怕新技术，相反，要主动学习和掌握与之相关的工具和平台。在通用人工智能时代，熟悉数字技术将成为一项重要的生存法则。

（4）保持身体健康。我们应养成良好的习惯，保持身体健康，包括适当运动、合理饮食、充分休息等，以增强抵抗力，应对潜在的压力和风险。

（5）注重心理健康。未来，工作可能趋于数字化和智能化，我们面临的压力会更大，因此，注重心理健康至关重要。我们应学会应对压力、保持工作与生活的平衡，在必要时可以寻求心理咨询师或心理医生的帮助。

（6）拥抱创新和变化。面对不断变化的环境，我们应采取积极的态度，将变化视为机遇而不是威胁。能够灵活应对并在变革中找到机会的人能更轻松地适应通用人工智能时代。

（7）保持财务规划。我们应进行有效的财务规划，包括储蓄、投资和退休计划。有一个坚实的财务基础可以使我们获得安全感，可以更灵活地应对经济发展的不确定性。

（8）参与社会决策。我们还要积极参与社会决策，确保人工智能的发展是在保护人类权益、符合人类价值观的基础上进行的。

（9）寻求持续的职业发展。在通用人工智能时代，我们需要不断寻求新的职业机会和发展路径，对职业生涯保持前瞻性思考并进行长期规划。

这些法则强调了适应性、人际关系、身心健康等方面的重要性。在通用人工智能时代，个体需要保持灵活性和积极性，不断调整和优化自己的生存策略。

其实，从引发 AI 领域发生变革的数学模型——深度神经网络的数学原理中，我们也可以得到启发。具体来说，我们应该这样应对外界的变化。

（1）输入：将面临的所有问题都当作学习任务，当作能够提高自己认知的机会。

（2）行动：对于每个问题，勇于做出自己的行动，而不只是空想。

（3）反馈：通过外界的反馈，对自己行动的结果进行评价、总结并调整认知（反向传播算法）。

（4）迭代：通过上述 3 个方面所形成的完整闭环，提升自己的认知，为下轮迭代做好准备。

或许，AIGC 算法本身已经给我们未来的发展指明了方向。

反侵权盗版声明

电子工业出版社依法对本作品享有专有出版权。任何未经权利人书面许可，复制、销售或通过信息网络传播本作品的行为；歪曲、篡改、剽窃本作品的行为，均违反《中华人民共和国著作权法》，其行为人应承担相应的民事责任和行政责任，构成犯罪的，将被依法追究刑事责任。

为了维护市场秩序，保护权利人的合法权益，我社将依法查处和打击侵权盗版的单位和个人。欢迎社会各界人士积极举报侵权盗版行为，本社将奖励举报有功人员，并保证举报人的信息不被泄露。

举报电话：（010）88254396；（010）88258888

传　　真：（010）88254397

E-mail：　dbqq@phei.com.cn

通信地址：北京市万寿路 173 信箱

　　　　　电子工业出版社总编办公室

邮　　编：100036